大数据技术精品系列教材

U0188331

Python

数据可视化实战

Data Visualization with Python

刘礼培 张良均 ◉ 主编

翟世臣 王凯 黄博 ◉ 副主编

人民邮电出版社

北 京

图书在版编目（CIP）数据

Python数据可视化实战 / 刘礼培，张良均主编. -- 北京 : 人民邮电出版社，2022.2（2024.7重印）
大数据技术精品系列教材
ISBN 978-7-115-57892-1

Ⅰ. ①P… Ⅱ. ①刘… ②张… Ⅲ. ①软件工具－程序设计－高等学校－教材 Ⅳ. ①TP311.561

中国版本图书馆CIP数据核字(2021)第229123号

内 容 提 要

本书从实践出发，全面地介绍数据可视化的流程和 Python 数据可视化的应用，并详细阐述使用 Python 解决企业实际问题的方法。全书共 8 章，分为基础模块（第 1~5 章）和实战模块（第 6~8 章）。基础模块包括 Python 数据可视化概述、数据的读取与处理、Matplotlib 数据可视化基础、用 seaborn 绘制进阶图形、pyecharts 交互式图形绘制；实战模块包括广电大数据可视化项目实战、新零售智能销售数据可视化项目实战、基于 TipDM 大数据挖掘建模平台实现广电大数据可视化项目。本书的大部分章节包含了实训，通过练习和实际操作，读者可巩固所学的内容。

本书可以作为高校数据可视化相关课程的教材和数据可视化爱好者的自学用书。

◆ 主　　编　刘礼培　张良均

副 主 编　翟世臣　王　凯　黄　博

责任编辑　初美呈

责任印制　王　郁　焦志炜

◆ 人民邮电出版社出版发行　　北京市丰台区成寿寺路 11 号

邮编　100164　电子邮件　315@ptpress.com.cn

网址　https://www.ptpress.com.cn

北京隆昌伟业印刷有限公司印刷

◆ 开本：787×1092　1/16

印张：15.5　　　　　　　　　　2022 年 2 月第 1 版

字数：353 千字　　　　　　　2024 年 7 月北京第 9 次印刷

定价：59.80 元

读者服务热线：(010)81055256　印装质量热线：(010)81055316
反盗版热线：(010)81055315
广告经营许可证：京东市监广登字 20170147 号

大数据技术精品系列教材
专家委员会

专家委员会主任： 郝志峰（汕头大学）

专家委员会副主任（按姓氏笔画排列）：

王其如（中山大学）

余明辉（广州番禺职业技术学院）

张良均（广东泰迪智能科技股份有限公司）

聂　哲（深圳职业技术大学）

曾　斌（人民邮电出版社有限公司）

蔡志杰（复旦大学）

专家委员会成员（按姓氏笔画排列）：

王爱红（贵州交通职业技术学院）	韦才敏（汕头大学）
方海涛（中国科学院）	孔　原（江苏信息职业技术学院）
邓明华（北京大学）	史小英（西安航空职业技术学院）
冯国灿（中山大学）	边馥萍（天津大学）
吕跃进（广西大学）	朱元国（南京理工大学）
朱文明（深圳信息职业技术学院）	任传贤（中山大学）
刘保东（山东大学）	刘彦姝（湖南大众传媒职业技术学院）
刘深泉（华南理工大学）	孙云龙（西南财经大学）
阳永生（长沙民政职业技术学院）	花　强（河北大学）
杜　恒（河南工业职业技术学院）	李明革（长春职业技术大学）
李美满（广东理工职业学院）	杨　坦（华南师范大学）
杨　虎（重庆大学）	杨志坚（武汉大学）
杨治辉（安徽财经大学）	杨爱民（华北理工大学）

肖　刚（韩山师范学院）　　　　　　吴阔华（江西理工大学）

邱炳城（广东理工学院）　　　　　　何小苑（广东水利电力职业技术学院）

余爱民（广东科学技术职业学院）　　沈　洋（大连职业技术学院）

沈凤池（浙江商业职业技术学院）　　宋眉眉（天津理工大学）

张　敏（广东泰迪智能科技股份有限公司）

张兴发（广州大学）

张尚佳（广东泰迪智能科技股份有限公司）

张治斌（北京信息职业技术学院）　　张积林（福建理工大学）

张雅珍（陕西工商职业学院）　　　　陈　永（江苏海事职业技术学院）

武春岭（重庆电子科技职业大学）　　周胜安（广东行政职业学院）

赵　强（山东师范大学）　　　　　　赵　静（广东机电职业技术学院）

胡支军（贵州大学）　　　　　　　　胡国胜（上海电子信息职业技术学院）

施　兴（广东泰迪智能科技股份有限公司）

韩宝国（广东轻工职业技术大学）　　曾文权（广东科学技术职业学院）

蒙　飚（柳州职业技术大学）　　　　谭　旭（深圳信息职业技术学院）

谭　忠（厦门大学）　　　　　　　　薛　云（华南师范大学）

薛　毅（北京工业大学）

序 FOREWORD

随着大数据时代的到来，移动互联网和智能手机迅速普及，多种形态的移动互联网应用蓬勃发展，电子商务、云计算、互联网金融、物联网、虚拟现实、智能机器人等不断渗透并重塑传统产业，而与此同时，大数据当之无愧地成为新的产业革命核心。

2019年8月，联合国教科文组织以联合国6种官方语言正式发布《北京共识——人工智能与教育》。其中提出，各国要制定相应政策，推动人工智能与教育系统性融合，利用人工智能加快建立开放、灵活的教育体系，促进全民享有公平、高质量、适合每个人的终身学习机会。这表明基于大数据的人工智能和教育均进入了新的阶段。

高等教育是教育系统中的重要组成部分，高等院校作为人才培养的重要载体，肩负着为社会培育人才的重要使命。2018年6月21日的新时代全国高等学校本科教育工作会议首次提出了"金课"的概念。"金专""金课""金师"迅速成为新时代高等教育的热词。如何建设具有中国特色的大数据相关专业，以及如何打造世界水平的"金专""金课""金师""金教材"是当代教育教学改革的难点和热点。

实践教学是在一定的理论指导下，通过实践引导，使学习者获得实践知识、掌握实践技能、锻炼实践能力、提高综合素质的教学活动。实践教学在高校人才培养中有着重要的地位，是巩固和加深理论知识的有效途径。目前，高校大数据相关专业的教学体系设置过多地偏向理论教学，课程设置冗余或缺漏，知识体系不健全，且与企业实际应用契合度不高，学生无法把理论转化为实践应用技能。为了有效解决该问题，"泰迪杯"数据挖掘挑战赛组委会与人民邮电出版社共同策划了"大数据技术精品系列教材"，这恰与2019年10月24日教育部发布的《教育部关于一流本科课程建设的实施意见》（教高〔2019〕8号）中提出的"坚持分类建设""坚持扶强扶特""提升高阶性""突出创新性""增加挑战度"原则完全契合。

"泰迪杯"数据挖掘挑战赛自2013年创办以来，一直致力于推广高校数据挖掘实践教学，培养学生数据挖掘的应用和创新能力。挑战赛的赛题均为经过适当简化和加工的实际问题，来源于各企业、管理机构和科研院所等，非常贴近现实热点需求。赛题中的数据只做必要的脱敏处理，力求保持原始状态。竞赛围绕数据挖掘的整个流程，从数据采集、数据迁移、数据存储、数据分析与挖掘，到数据可视化，涵盖了企业应用中的各个环节，与目前大数据专业人才培养目标高度一致。"泰迪杯"数据挖掘挑战赛不依赖于数学建模，甚至不依赖传统模型的竞赛形式，使得"泰迪杯"数据挖掘挑战赛在全国各大高校反响热烈，且得到了全国各界专家学者的认可与支持。2018年，

"泰迪杯"数据挖掘挑战赛增加了子赛项——数据分析职业技能大赛，为高职和中职技能型人才培养提供理论、技术和资源方面的支持。截至 2019 年，全国共有近 800 所高校，约 1 万名研究生、5 万名本科生、2 万名高职生参加了"泰迪杯"数据挖掘挑战赛和数据分析职业技能大赛。

本系列教材的第一大特点是注重学生的实践能力培养，针对高校实践教学中的痛点，首次提出"鱼骨教学法"的概念。以企业真实需求为导向，学生学习技能时紧紧围绕企业实际应用需求，将学生需掌握的理论知识，通过企业案例的形式进行衔接，达到知行合一、以用促学的目的。第二大特点是以大数据技术应用为核心，紧紧围绕大数据应用闭环的流程进行教学。本系列教材涵盖了企业大数据应用中的各个环节，符合企业大数据应用真实场景，使学生从宏观上理解大数据技术在企业中的具体应用场景及应用方法。

在教育部全面实施"六卓越一拔尖"计划 2.0 的背景下，对如何促进我国高等教育人才培养体制机制的综合改革，以及如何重新定位和全面提升我国高等教育质量，本系列教材将起到抛砖引玉的作用，从而加快推进以新工科、新医科、新农科、新文科为代表的一流本科课程的"双万计划"建设；落实"让学生忙起来，管理严起来和教学活起来"措施，让大数据相关专业的人才培养质量有一个质的提升；借助数据科学的引导，在文、理、农、工、医等方面全方位发力，培养各个行业的卓越人才及未来的领军人才。同时本系列教材将根据读者的反馈意见和建议及时改进、完善，努力成为大数据时代的新型"编写、使用、反馈"螺旋式上升的系列教材建设样板。

汕头大学校长
教育部高校大学数学课程教学指导委员会副主任委员
"泰迪杯"数据挖掘挑战赛组织委员会主任
"泰迪杯"数据分析职业技能大赛组织委员会主任

2021 年 7 月于粤港澳大湾区

前 言 PREFACE

随着大数据产业的蓬勃发展，商务数据的规模也在飞速扩大。数据可视化是数据描述的图形表示，旨在帮助企业用户一目了然地观察和分析数据中的复杂信息，为企业经营决策提供积极的帮助。金融、零售、医疗、互联网、交通物流、制造等行业领域对数据可视化的岗位需求巨大，有实践经验的数据可视化人才更是各企业争夺的热门对象。为了满足企业日益增长的对数据可视化人才的需求，很多高校开始开设数据可视化相关课程。

本书特色

本书全面贯彻党的二十大精神，以社会主义核心价值观为引领，加强基础研究、发扬斗争精神，为建成教育强国、科技强国、人才强国、文化强国添砖加瓦。本书从实践出发，结合大量数据可视化案例及教学经验，以 Python 为基础，介绍使用 Matplotlib、seaborn 和 pyecharts 库进行数据可视化的主要方法。本书每章都由学习目标、小结、实训等组成（第 1 章无实训）。全书设计思路以应用为导向，让读者明确如何利用所学知识来解决问题；通过实训巩固所学知识，让读者真正理解并能够应用所学知识。全书大部分章节紧扣学习目标展开，不堆积知识点，着重于思路的启发与解决方案的实施。本书通过案例教学，既利于读者学习基本知识，也利于读者掌握可视化过程，从而让读者真正理解与掌握数据可视化技术。

本书适用对象

- 开设有数据可视化相关课程高校的教师和学生。
- 以 Python 为工具的数据统计和分析人员。
- 关注数据分析与可视化的爱好者。

代码下载及问题反馈

为了帮助读者更好地使用本书，本书配有原始数据文件、Python 代码，以及 PPT 课件、教学大纲、教学进度表和教案等教学资源，读者可以从泰迪云教材网站免费下载，也可登录人邮教育社区（www.ryjiaoyu.com）下载。同时欢迎教师加入 QQ 交流群"人邮大数据教师服务群"（669819871）进行交流探讨。

　　由于编者水平有限，书中难免出现一些疏漏和不足之处。如果读者有更多的宝贵意见，欢迎在"泰迪学社"微信公众号（TipDataMining）回复"图书反馈"进行反馈。更多本系列图书的信息可以在泰迪云教材网站查阅。

编　者

2023 年 5 月

泰迪云教材

目录 CONTENTS

实 战 模 块

基础模块

第❶章 Python 数据可视化概述

随着大数据的快速发展，交通、医疗、金融、电商等行业的数据都呈"井喷式"增长，数据量巨大，种类繁多，结构复杂，人们时刻都在和数据打交道。如何借助图形化的手段，清晰有效地传达所要沟通的信息，发掘数据中蕴藏的价值，以及如何对业务进行分析和决策，逐渐成为数据科学领域比较重要的研究课题。我们应该紧跟时代步伐，顺应实践发展，以满腔热忱对待一切新生事物，不断拓展认识的广度和深度。

数据可视化就是研究利用图形展现数据中隐含的信息并发掘其中规律的学科。数据可视化的工具有很多，其中，Python 作为一门应用十分广泛的计算机编程语言，在数据科学领域具有独特的优势。Python 不仅语法简单易学，还有 pandas、Matplotlib、seaborn、pyecharts 等功能齐全、高效易用、接口统一的科学计算库和可视化库，能为数据分析、可视化提供极大便利。本章主要介绍数据与数据可视化的基础知识、常用数据可视化图形的种类及作用、常用的数据可视化工具和 Python 数据可视化工具库，以及 Python 集成开发环境 Jupyter Notebook 的操作。

学习目标

（1）掌握数据可视化的概念及流程。
（2）熟悉常用的数据可视化图形。
（3）了解常用的数据可视化工具。
（4）了解 Python 数据可视化工具库。
（5）熟悉 Python 集成开发环境 Jupyter Notebook。

1.1 了解数据与数据可视化

数据是对客观事物的性质、状态及相互关系等进行记载的物理符号或这些物理符号的组合。它是可识别的、抽象的符号。数据不仅指狭义上的数字，还指具有一定意义的文字、字母、数字符号的组合，以及图形、图像、视频、音频等。数据也是客观事物的属性、数量、位置及其相互关系的抽象表示，如"0，1，2，……""阴、雨、下降、气温""学生的档案记录""货物的运输情况"等都是数据。

数据可视化旨在借助于图形化手段，清晰有效地传达与沟通信息。为了有效地传达思想观念，美学形式与功能需要齐头并进，通过直观地传达关键的信息与特征，实现对稀疏而又复杂的数据集的深入发掘。

1.1.1　了解数据

数据的来源众多，科学研究、企业生产和 Web 应用等都在源源不断地生成新的数据。生物大数据、交通大数据、医疗大数据、电信大数据、电力大数据、金融大数据等都呈现出"井喷式"增长，所涉及的数据量十分巨大，已经从 TB 级别跃升到 PB 级别。数据的类型丰富，包括结构化数据和非结构化数据。典型的结构化数据包括信用卡号码、日期、财务金额、电话号码、地址、产品名称等；非结构化数据种类繁多，主要包括邮件、音频、视频、微信信息、微博信息、位置信息、链接信息、手机呼叫信息、网络日志、天气数据、地震图像、交通信息、天气信息、海洋传感器数据等。如此类型繁多的数据，对数据处理分析、可视化技术提出了新的挑战，但也带来了新的机遇。

1.1.2　了解数据可视化

人们无时无刻不在和数据打交道，在信息化时代，数据可视化的意义是更好地对业务进行分析和决策。数据可视化的本质是视觉的对话，借助图形化的手段，清晰有效地传达所要沟通的信息。一方面，数据赋予可视化价值；另一方面，可视化赋予数据"灵性"。两者相辅相成，帮助企业从数据中"掘金"。

1. 概念

数据可视化（Data Visualization）是研究利用图形展现数据中隐含的信息并发掘其中规律的学科。数据可视化涉及计算机视觉、图像处理、计算机辅助设计、计算机图形学等多个领域，成为一项研究数据表示、数据处理、决策分析等问题的综合技术。

数据可视化通过图表直观地展示数据间的量级关系，其目的是将抽象信息转换为具体的图形，将隐藏于数据中的规律直观地展现出来。图表是数据分析与可视化最重要的工具，它通过点的位置、曲线的走势、图形的面积等形式，直观地呈现研究对象间的数量关系。不同类型的图表展示的侧重点不同，选择合适的图表可以更好地进行数据可视化。

2. 流程

虽然数据可视化涉及的数据量大、业务复杂、分析过程烦琐，但是总遵循一定的流程进行，如图 1-1 所示。数据可视化流程说明如表 1-1 所示。

图 1-1　数据可视化流程

表 1-1 数据可视化流程说明

步骤	说 明
需求分析	需求分析的主要内容是基于对商业的理解，明确目标，整理并分析框架和思路，确定数据分析的目的和方法
数据获取	数据获取是指根据分析的目的，收集、整合、提取相关的数据，是数据分析工作的基础
数据处理	数据处理是指通过工具对数据中的噪声数据进行处理，并将数据转换为适合用于分析的形式。数据处理主要包括数据清洗、数据合并等处理方法
分析与可视化	数据分析是指通过分析手段、方法和技巧对准备好的数据进行探索、分析，从中发现因果关系、内部联系和业务规律。可视化是指对具体数据指标的计算和分析，发现数据中潜在的规律，并借助图表等可视化的方式直观地展示数据之间的关联信息，使得抽象的数据变得更加清晰、具体、易于观察，以便做出决策
分析报告	分析报告是指以特定的形式将数据分析的过程、结果、方案完整呈现出来，图文并茂，层次明晰，直观地给出问题和结论，便于需求者了解情况。分析报告包括背景与目的、分析思路、分析结果、总结和建议，模板示例如图 1-2 所示

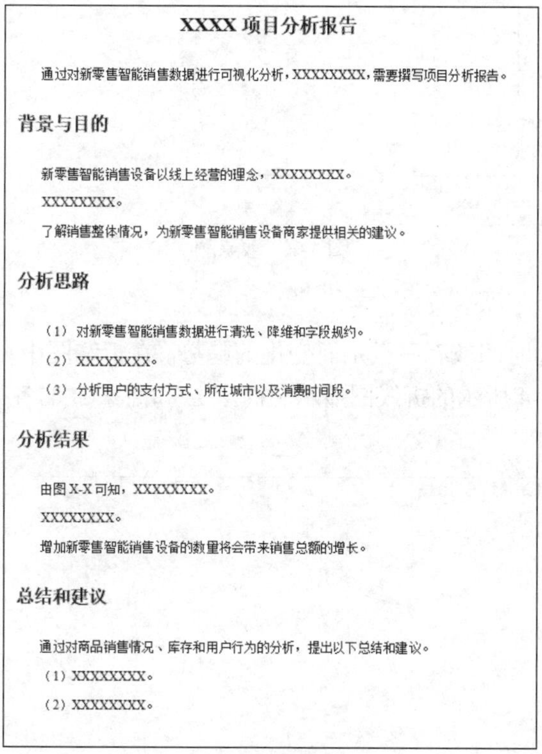
XXXX 项目分析报告

通过对新零售智能销售数据进行可视化分析，XXXXXXXX，需要撰写项目分析报告。

背景与目的

新零售智能销售设备以线上经营的理念，XXXXXXXX。

XXXXXXXX。

了解销售整体情况，为新零售智能销售设备商家提供相关的建议。

分析思路

（1）对新零售智能销售数据进行清洗、降维和字段规约。

（2）XXXXXXXX。

（3）分析用户的支付方式、所在城市以及消费时间段。

分析结果

由图 X-X 可知，XXXXXXXX。

XXXXXXXX。

增加新零售智能销售设备的数量将会带来销售总额的增长。

总结和建议

通过对商品销售情况、库存和用户行为的分析，提出以下总结和建议。

（1）XXXXXXXX。

（2）XXXXXXXX。

图 1-2 分析报告模板示例

1.2 熟悉常用的数据可视化图形

可视化通常以直观的图形呈现数据，让用户所见即所得。在 Python 中，可以利用

Matplotlib、seaborn、pyecharts 等可视化库绘制多种样式的图形，包括基础图形和高级图形。

1.2.1 熟悉基础图形的种类及作用

Python 作为一门流行的编程语言，不仅能基于自带的库函数完成基本的程序逻辑功能，而且随着第三方库的发展，Python 的功能和计算生态更加丰富。比较有代表性的就是 Python 便捷的绘图功能，它可以绘制的基础图形有散点图、折线图、条形图、柱形图、饼图、箱线图等。

1. 散点图

散点图将数据显示为一组点，用两组数据构成多个坐标点。观察坐标点的分布，可以判断两个变量之间是否存在某种关联，或总结坐标点的分布模式。图 1-3 所示的散点图显示了体重与身高之间的关系。

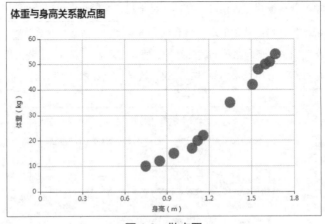

图 1-3　散点图

2. 折线图

折线图用于显示随时间或有序类别而变化的趋势。在折线图中，通常沿横轴标记类别，沿纵轴标记数值。图 1-4 所示的折线图显示了商家 A 和商家 B 的各类商品销售情况的变化趋势。

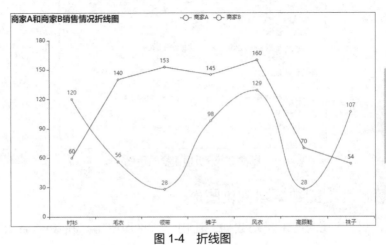

扫码看彩图

图 1-4　折线图

3. 条形图和柱形图

条形图是以宽度相等的条形的长度差异显示统计指标数值大小的一种图形，它通常用于显示多个项目之间的比较情况。在条形图中，通常沿纵轴标记类别，沿横轴标记数值。柱形图是以宽度相等的柱形的高度差异显示统计指标数值大小的一种图形，它用于显示一段时间内的数据变化或显示各项目之间的比较情况。与条形图不同的是，在柱形图中，通常沿横轴标记类别，沿纵轴标记数值，可认为它是条形图的坐标轴的转置。图 1-5 所示的柱形图显示了商家 A 和商家 B 的各类商品的销售情况。

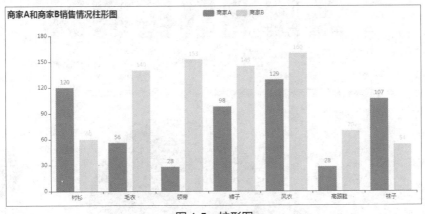

图 1-5　柱形图

当条目较多时，柱形图会显得拥挤不堪，可以通过转置横轴和纵轴显示图形，即条形图。图 1-6 所示的条形图显示了商家 A 和商家 B 的各类商品的销售情况。

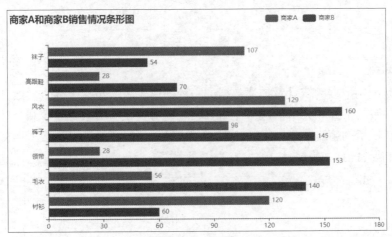

图 1-6　条形图

同时，也可以将柱形图堆叠，用于显示单个项目与整体之间的关系。图 1-7 所示的堆叠柱形图显示了商家 A 和商家 B 的各类商品的销售情况。

4. 饼图

饼图以一个完整的圆表示全体数据对象，其中扇形面积表示各个组成对象所占的比例。饼图常用于描述百分比构成情况，其中的每一个扇形都代表一类数据所占的比例。图 1-8

所示的饼图显示了商家 B 各类商品的销售量占比情况。

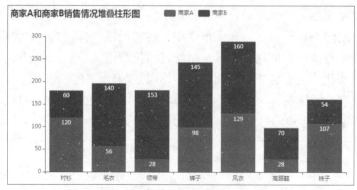

图 1-7　堆叠柱形图

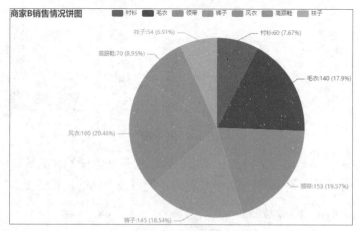

扫码看彩图

图 1-8　饼图

5．箱线图

　　箱线图是利用数据的统计量描述数据的一种图形，一般包括上界、上四分位数、中位数、下四分位数、下界和异常值这 6 个统计量，能够提供有关数据位置和分散情况的关键信息。图 1-9 所示的箱线图显示了 4 个班考试成绩的上界、上四分位数、中位数、下四分位数、下界和异常值。

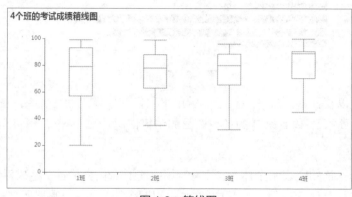

图 1-9　箱线图

1.2.2　掌握高级图形的种类及作用

随着一些第三方库的扩展，Python 的功能越来越丰富，也越来越强大，在图形可视化交互方面更是如此，不仅能完成 1.2.1 小节中的基础图形绘制，还能绘制一些高级图形，如仪表盘、漏斗图、雷达图、热力图、词云图、关系图、桑基图等。

1. 仪表盘

仪表盘也称为拨号图表或速度表图，其显示类似于拨号盘或速度表上的读数，是一种拟物化的展示形式。仪表盘的颜色可以用于划分指示值的类别，使用刻度标示数据，使用指针指示维度，使用指针角度表示数值。仪表盘只需分配最小值和最大值，并定义一个颜色范围即可，指针（指数）将显示出关键指标的数据或当前进度。仪表盘可用于显示速度、体积、温度、进度、完成率、满意度等。图 1-10 所示的仪表盘显示了销售任务的完成情况。

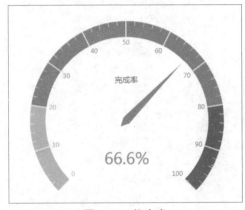

图 1-10　仪表盘

2. 漏斗图

漏斗图也称倒三角图。漏斗图将数据呈现为几个阶段，每个阶段的数据都是整体的一部分，从一个阶段到另一个阶段，数据值自上而下逐渐减小。漏斗图适用于业务流程比较规范、周期长、环节多的流程分析。漏斗图对各环节业务数据进行比较，能够直观地发现和说明问题。图 1-11 所示的漏斗图显示了某淘宝店铺的订单转化各环节中哪些环节出了问题。

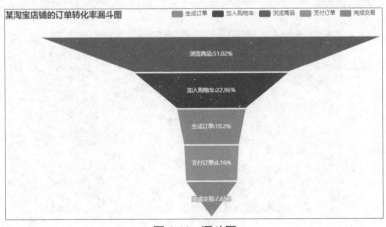

图 1-11　漏斗图

3. 雷达图

雷达图也称戴布拉图、蜘蛛网图。雷达图将多个维度的数据映射到坐标轴上。这些坐标轴始于同一个圆心，通常结束于圆周边缘，将同一组的点使用线连接起来即构成了雷达图。在坐标轴设置恰当的情况下，雷达图所围面积能表达出一些信息。雷达图将纵向和横向的分析比较方法结合起来，可以展示出数据集中各个变量的权重高低情况，非常适用于展示性能数据。图 1-12 所示的雷达图显示了某位销售经理的各项能力情况。

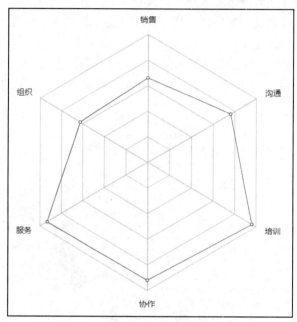

图 1-12　雷达图

4. 热力图

热力图通过颜色的深浅表示数据的分布，颜色越深则数据越大，可以让人一眼就分辨出数据的分布情况，非常方便。图 1-13 所示的热力图显示了某网站某周每一天（24h）的点击量分布情况。

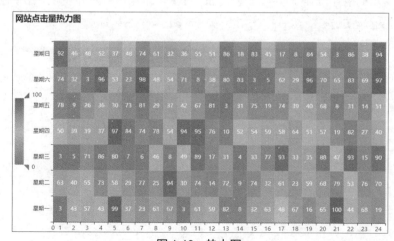

图 1-13　热力图

5. 词云图

词云图可对文字中出现频率较高的"关键词"予以视觉上的突出，形成"关键词云层"或"关键词渲染"。词云图会过滤掉大量的文本信息，使浏览网页者只要一眼扫过文本即可领略文本的主旨。词云图提供了某种程度的"第一印象"，最常使用的词会突出显示。图 1-14 所示的词云图显示了部分宋词中相关词汇的出现频率。

图 1-14　词云图

6. 关系图

关系图又称关联图，可用于分析事物之间的"原因与结果""目的与手段"等复杂关系，它能够帮助人们从事物之间的逻辑关系中寻找出解决问题的办法。关系图的类型很多，如人物关系图、零件关系图、交通网络图等。图 1-15 所示的关系图显示了某人的微信好友关系。

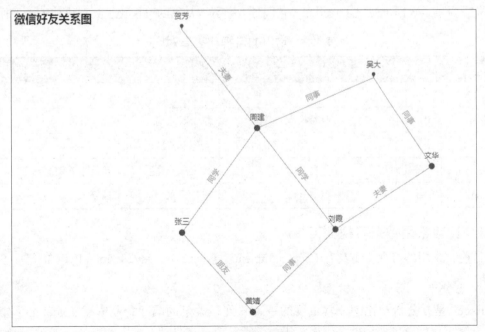

图 1-15　关系图

7. 桑基图

桑基图又称桑基能量分流图、桑基能量平衡图，是一种特定类型的流程图。图中延伸的分支的宽度对应数据流量的大小，常应用于能源、材料成分、金融等领域的数据可视化分析。桑基图的作用是展示数据的流动情况，其最明显的特征是：始末端的分支宽度总和相等，保持了能量的平衡。图 1-16 所示的桑基图显示了某人生活开支的流动情况。

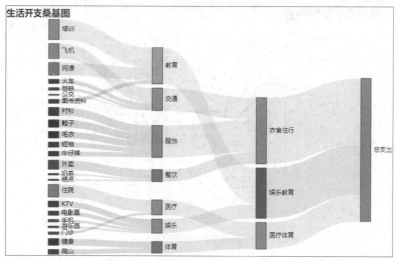

图 1-16　桑基图

1.3　比较与了解 Python 与其他可视化工具

大数据时代，数据对企业和组织的重要性不言而喻，企业和组织对数据的需求也变得纷繁多样。目前，数据可视化工具很多，它们各有差异。常见的可视化工具对比如表 1-2 所示。

表 1-2　常见的可视化工具对比

工具名称	难易程度	是否免费	用户体验	支持平台
Excel	简单易学	收费授权	一般	以 Windows 为主
Tableau	灵活易用	收费授权	精美、直观	以 Windows 为主
Power BI	集成度高	免费版、专业版	动态交互式	以 Windows 为主
JavaScript	有一定难度	免费开源	扩展库丰富	跨终端、跨平台
Python	简单容易	免费开源	组件丰富	跨平台

1.3.1　比较常用数据可视化工具

目前，常用的可视化工具有 Excel、Tableau、Power BI、JavaScript、Python 等。

1. Excel

Excel 是办公自动化中非常重要的一款软件，大量的国际企业依靠 Excel 进行数据管理。它不仅能够方便地处理表格和进行图形分析，而且拥有强大的功能，如对数据进行自动处理和计算。Excel 是微软公司的办公软件 Microsoft Office 的组件之一，是由微软公司为 Windows 和 Mac 操作系统的计算机编写的一款电子表格制作软件。

Excel 的学习成本低，且容易上手。利用 Excel 的图表库，用户可绘制基本的可视化图形。

2．Tableau

Tableau 是桌面系统中最简单的商业智能工具之一，它不强迫用户编写自定义代码，其控制台可由用户自定义配置。Tableau 的灵活易用性让业务人员能够参与报表开发与数据分析进程，并通过自助式可视化分析深入挖掘商业价值和提出见解。

Tableau Desktop 是基于斯坦福大学突破性技术的应用程序。它可以生动地分析实际存在的任何结构化数据，并在几分钟内生成美观的坐标图、仪表盘与报告等。利用 Tableau 简便的拖曳操作，用户可以自定义视图、布局、形状、颜色等，展现自己的数据视角。

3．Power BI

Power BI 是一款商业分析工具，用于在组织中提出见解，可连接数百个数据源、简化数据准备并提供即席分析。它可生成美观的报表并进行发布，供组织在 Web 和移动设备上使用。每个人都可用它创建个性化仪表盘，以获取针对其业务的全方位独特见解。它可在企业内实现扩展、进行内置管理和提高安全性。

Power BI 整合了 Power Query、Power Pivot、Power View、Power Map 等一系列工具，使得用过 Excel 做报表和用过 BI 进行分析的从业人员可以快速上手 Power BI，甚至可以直接使用以前的模型。此外，Excel 2016 也提供了 Power BI 插件。

4．JavaScript

JavaScript 是一种脚本语言，已经被广泛用于 Web 应用开发，常用于为网页添加各式各样的动态功能，为用户提供流畅美观的浏览效果。通常，JavaScript 脚本是通过嵌入 HTML 中来实现自身功能的。随着 JavaScript 在数据可视化领域的不断普及，市场上也出现了多款能够为 Web 创建图表的开源库，如 HighCharts、D3、Echarts 等。

HighCharts 是一个界面美观、时下非常流行的纯 JavaScript 图表库。Data-Driven Documents（D3）是一个被数据驱动的文档，它利用现有的 Web 标准，通过数据驱动的方式实现数据可视化。Echarts 是一个纯 JavaScript 的企业级数据图表库，是一个免费开源的数据可视化工具，可以流畅地运行在 PC 和移动设备上，兼容当前绝大部分浏览器，提供直观、生动、可交互、可高度个性化定制的数据可视化图表。

5．Python

Python 是一种跨平台的计算机程序设计语言，也是一种解释型、编译型、互动型和面向对象的脚本语言。

Python 拥有 NumPy、pandas、Matplotlib、seaborn 等功能齐全、高效易用、接口统一的科学计算库和可视化库。用户使用其可视化库，不仅可以绘制传统的 2D 图形，还可以绘制 3D 立体图形。

1.3.2 了解 Python 数据可视化工具库

随着技术的不断发展，Python 扩展了很多第三方开源库。其中，常用的可视化工具库有 pandas、Mathplotlib、seaborn、pyecharts 等。

Python 数据可视化实战

1．pandas

pandas 是 Python 的数据分析核心库，最初被作为金融数据分析工具开发出来，因此 pandas 为时间序列分析提供了很好的支持。pandas 提供了一系列能够快速、便捷地处理结构化数据的数据结构和函数。

pandas 不仅兼具 NumPy 高性能的数组计算功能、电子表格和关系型数据库（如 SQL）灵活的数据处理功能，还提供了复杂、精细的索引功能，能够便捷地完成重塑、切片、切块和聚合，以及选取数据子集等操作。pandas 库中有两种数据结构，分别为 Series 和 DataFrame。pandas 正是基于 Series、DataFrame 数据结构和自带索引的特点，使用 Matplotlib 库进行简单的包装，定义了创建标准图表的高级绘图方法。

2．Matplotlib

Matplotlib 是目前非常流行的用于绘制数据图表的 Python 工具库，是 Python 的 2D 绘图库。它最初由约翰·亨特（John D. Hunter）创建，目前由一个庞大的开发团队维护。Matplotlib 操作简单、方便，用户只需输入几行代码即可生成直方图、散点图、条形图、饼图等图形。Matplotlib 提供了 pylab 模块，其中包括了许多 NumPy 库和 pyplot 库中常用的函数，方便用户快速进行计算和绘图。Matplotlib 跟 IPython 相结合，提供了一种交互式数据绘图环境，可实现交互式的绘图，还实现了利用绘图窗口中的工具栏放大图表中的某个区域或对整个图表进行平移浏览。Matplotlib 是众多 Python 可视化库的"鼻祖"，也是 Python 最常用的标准可视化库，其功能非常强大。

3．seaborn

seaborn 是基于 Matplotlib 的 Python 图形可视化库，它提供了一种高度交互式界面，使用户能够做出各种有吸引力的统计图表。

seaborn 在 Matplotlib 的基础上进行了更高级的 API 封装，从而使作图更加容易。seaborn 用户不需要了解大量的底层代码，即可使图形变得精致。在大多数情况下，使用 seaborn 能制作出很有吸引力的图，而使用 Matplotlib 能制作更具有特色的图。因此，可将 seaborn 视为 Matplotlib 的补充，而不是替代物。此外，seaborn 能高度兼容 NumPy 与 pandas 数据结构，以及 scipy 与 statsmodels 等统计模式，可以在很大程度上帮助用户实现数据可视化。

4．pyecharts

Echarts 是一个开源的数据可视化工具，它凭借着良好的交互性、精巧的图表设计，得到了众多开发者的认可。而 Python 是一门富有表达力的语言，很适合用于数据处理。pyecharts 是基于 Echarts 的 Python 可视化库。

pyecharts 可以展示动态交互图，能够非常方便地展示数据。动态交互图是指当鼠标指针悬停在图上时，即可显示数值、标签等。pyecharts 支持主流 Notebook 环境，如 Jupyter Notebook、JupyterLab 等；可轻松集成至 Flask、Django 等主流 Web 框架；拥有高度灵活的配置项，可轻松搭配出精美的图表；囊括了 30 多种常见图表，如 Bar（柱形图、条形图）、Boxplot（箱线图）、Funnel（漏斗图）、Gauge（仪表盘）、Graph（关系图）、HeatMap（热力图）、Radar（雷达图）、Sankey（桑基图）、Scatter（散点图）、WordCloud（词云图）等。

1.4　熟悉 Python 集成开发环境 Jupyter Notebook

Jupyter Notebook（此前被称为 IPython Notebook）是一个交互式笔记本，它本质上是一个支持实时代码、数学方程、可视化和 Markdown 的 Web 应用程序。对于数据分析，Jupyter Notebook 最大的优点是可以重现整个分析过程，并将说明文字、代码、图表、公式和结论都整合在一个文档中。用户可以通过电子邮件、Dropbox、GitHub 和 Jupyter Notebook Viewer 将分析结果分享给其他人。

1.4.1　掌握 Jupyter Notebook 的基础操作

Jupyter Notebook 是一个非常便捷的交互式开发工具，用户只要在开始菜单中启动，便可打开与使用。相比其他开发工具，它的界面非常简洁，基于输入/输出的单元格模式，尤其是在数据文件的读取、图标呈现等方面实现了快速所见即所得的开发模式。

1. 启动 Jupyter Notebook

在安装完成 Python，配置好环境变量，并安装了 Jupyter Notebook 后，在 Windows 操作系统下的命令行或 Linux 操作系统下的终端中输入命令"jupyter notebook"，即可启动 Jupyter Notebook，如图 1-17 所示。

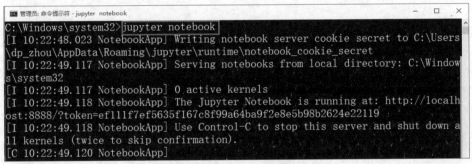

图 1-17　启动 Jupyter Notebook

2. 新建一个 Notebook

当打开 Jupyter Notebook 后，将会在系统默认浏览器中出现图 1-18 所示的页面。

图 1-18　Jupyter Notebook 主页

单击页面右边的"New"按钮，即可出现下拉列表，如图 1-19 所示。

图 1-19　Jupyter Notebook 的"New"下拉列表

在图 1-19 所示的下拉列表中选择需要创建的 Notebook 类型。其中,"Python 3"表示 Python 运行脚本,"Text File"为纯文本型,"Folder"为文件夹,"Terminal"为终端。灰色文字表示该项目不可用。单击"Python 3",进入 Python 脚本编辑界面,如图 1-20 所示。

图 1-20　Jupyter Notebook 的 Python 3 脚本编辑界面

3. Jupyter Notebook 的界面及其构成

Jupyter Notebook 文档是由一系列单元(Cell)构成的,主要有两种形式的单元,如图 1-21 所示。

图 1-21　Jupyter Notebook 的两种单元

(1)代码单元。这里是编写代码的地方,通过按"Shift + Enter"组合键运行代码,运行结果显示在本单元下方。代码单元左边有"In [ ]:"编号,方便使用者查看代码的执行次序。

(2)Markdown 单元。在这里对文本进行编辑,采用 Markdown 的语法规范,可以设置文本格式,插入链接、图片和数学公式。同样,按"Shift + Enter"组合键运行 Markdown 单元来显示格式化的文本。

Jupyter Notebook 的编辑界面类似于 Linux 的 Vim 编辑器,在 Jupyter Notebook 中也有两种模式。

（1）编辑模式。此模式用于编辑文本和代码。选中单元并按"Enter"键进入编辑模式，此时单元左侧会显示绿色竖线，如图 1-22 所示。

图 1-22　编辑模式

（2）命令模式。此模式用于执行由键盘输入的快捷命令。按"Esc"键进入命令模式，此时单元左侧会显示蓝色竖线，如图 1-23 所示。

图 1-23　命令模式

如果要使用快捷键，首先按"Esc"键进入命令模式，然后按相应的键实现对文档的操作。例如，切换成代码单元的快捷键为"Y"，切换成 Markdown 单元的快捷键为"M"，在本单元的下方增加一个单元的快捷键为"B"，查看所有快捷命令可以按"H"键。

4. 用 Jupyter Notebook 实现数据的可视化

基于 IPython 实现的 Jupyter Notebook 提供交互式操作，能给数据分析、建模过程、检验中间结果和可视化带来极大的方便。当编写完一个 Jupyter Notebook 单元时，如果其内容是一个变量名或是一个没有将输出赋值的语句，Jupyter Notebook 在没有 print 语句的情况下依然会展示该变量。这一点在处理 pandas 的 DataFrames 时尤其有用，对应的输出会被整齐地展示为一个表格。

在 Jupyter Notebook 中绘图有许多方法，用 pandas 绘制基本图表比较方便，用 seaborn 绘制统计图表比较方便，这两个工具都是在 Matplotlib 的基础上搭建的。通过 import 导入 pandas、Matplotlib、seaborn 库，即可快速绘制交互图。

使用经典的鸢尾花数据集进行数据读取和可视化，如代码 1-1 所示。

代码 1-1　数据读取和可视化

```
In[1]:    import matplotlib.pyplot as plt
          from sklearn import datasets
          import pandas as pd
          plt.rcParams['font.sans-serif'] = ['SimHei']
          plt.rcParams['axes.unicode_minus'] = False
          iris = datasets.load_iris()
          df = pd.DataFrame(iris.data,columns=['SpealLength', 'Spealwidth',
                                          'PetalLength', 'Petalwidth'])
          df.columns = ['花萼长度', '花萼宽度', '花瓣长度', '花瓣宽度']
          df.head()
```

Python 数据可视化实战

Out[1]:

	花萼长度	花萼宽度	花瓣长度	花瓣宽度
0	5.1	3.5	1.4	0.2
1	4.9	3.0	1.4	0.2
2	4.7	3.2	1.3	0.2
3	4.6	3.1	1.5	0.2
4	5.0	3.6	1.4	0.2

In[2]:
```
df['类别']=iris.target
df_sum = pd.DataFrame(df.groupby('类别').size(),columns=['数量'])
plt.rcParams['font.sans-serif'] =' SimHei'
df_sum.plot.pie(y='数量')
```

Out[2]:

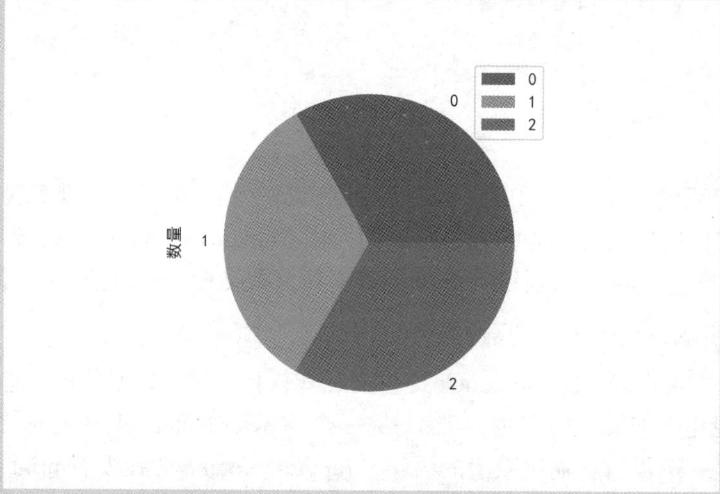

扫码看彩图

In[3]:
```
df.plot(x='花萼长度(厘米)', y='花萼宽度(厘米)', kind='scatter')
plt.show()
```

Out[3]:

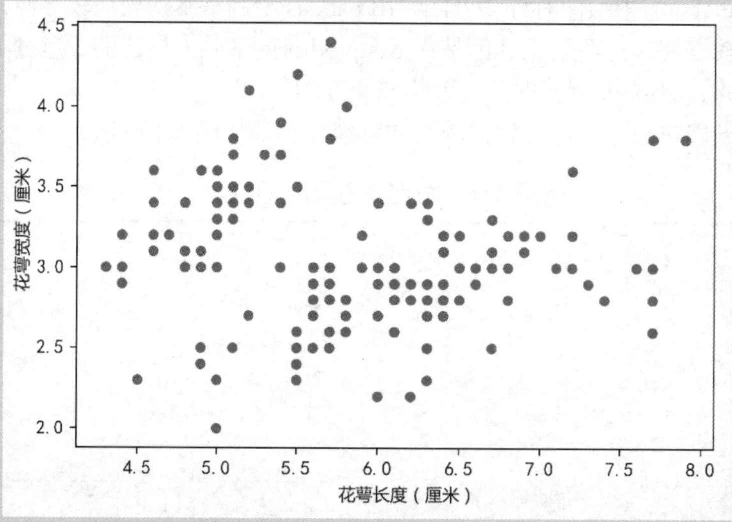

In[4]:
```
from sklearn.datasets import load_iris
import seaborn as sns
iris = load_iris()
```

16

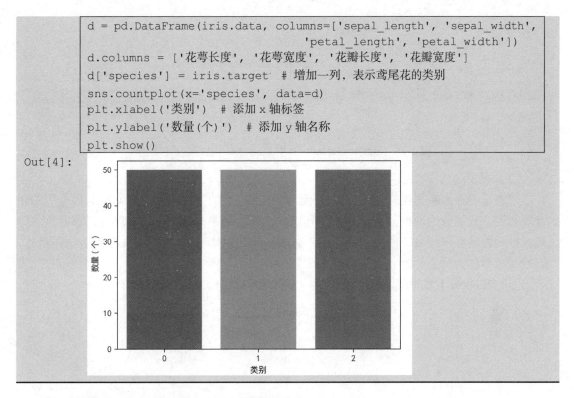

```
d = pd.DataFrame(iris.data, columns=['sepal_length', 'sepal_width',
                                    'petal_length', 'petal_width'])
d.columns = ['花萼长度', '花萼宽度', '花瓣长度', '花瓣宽度']
d['species'] = iris.target  # 增加一列，表示鸢尾花的类别
sns.countplot(x='species', data=d)
plt.xlabel('类别')  # 添加 x 轴标签
plt.ylabel('数量(个)')  # 添加 y 轴名称
plt.show()
```

1.4.2 熟悉 Jupyter Notebook 的高级操作

Jupyter Notebook 不仅能完成文件编译、运行等基础操作，还能完成一些高级操作，如文档的排版标记、文件的导出、插件的扩展等。

1. 文档排版标记

在 Jupyter 中，可使用 Markdown 实现文档的排版标记功能。Markdown 是一种可以使用普通文本编辑器编写的标记语言，通过简单的标记语法，便可以使普通文本内容具有一定的格式。Jupyter Notebook 的 Markdown 单元功能较多，下面将从常见的标题、列表、文字的加粗或使用斜体、表格、数学公式编辑 5 个方面进行介绍。

（1）标题

标题是标明文章和作品等内容的简短语句。写报告或写论文时，标题是不可或缺的，尤其是论文的章节等，需要使用不同级别的标题。Markdown 作为一个排版工具，一般使用类 Atx 形式，在首行前加一个"#"字符代表一级标题，加两个"#"字符代表二级标题，以此类推。图 1-24 和图 1-25 所示分别为 Markdown 的标题代码和运行结果。

图 1-24　Jupyter Notebook 中 Markdown 的标题代码

图 1-25　Jupyter Notebook 中 Markdown 的标题运行结果

（2）列表

列表是一种由数据项构成的有限序列，即按照一定的线性顺序排列而成的数据项的集合。列表一般被分为两种：一种是无序列表，使用一些图标标记，没有序号，没有顺序排列；另一种是有序列表，使用数字标记，有顺序排列。Markdown 对于无序列表使用星号、加号或减号作为列表标记；对于有序列表则使用"数字 + '.' + ' '（即一个空格）"表示。图 1-26 和图 1-27 所示分别为列表的代码和运行结果。

图 1-26　Jupyter Notebook 中 Markdown 的列表代码

图 1-27　Jupyter Notebook 中 Markdown 的列表运行结果

（3）文字的加粗或使用斜体

文档中为了突显部分内容，一般将文字加粗或使用斜体，使得该部分内容变得更加醒目。对 Markdown 排版工具而言，通常使用星号 "*" 和底线 "_" 作为标记字词的符号。两个星号或底线包围表示加粗，3 个星号或底线包围表示斜体。图 1-28 和图 1-29 所示分别为加粗/斜体的代码和运行结果。

图 1-28　Jupyter Notebook 中 Markdown 的加粗／斜体代码

图 1-29　Jupyter Notebook 中 Markdown 的加粗／斜体运行结果

（4）表格

Markdown 同样也可以绘制表格，代码的第一行表示表头，第二行分隔表头和主体部分，从第三行开始每一行代表一个表格行；列与列之间用管道符号"｜"隔开，原生方式的表格每一行的两边也要有管道符。图 1-30 和图 1-31 所示分别为表格的代码和运行结果。

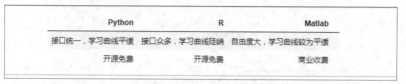

图 1-30　Jupyter Notebook 中 Markdown 的表格代码

Python	R	Matlab
接口统一，学习曲线平缓	接口众多，学习曲线陡峭	自由度大，学习曲线较为平缓
开源免费	开源免费	商业收费

图 1-31　Jupyter Notebook 中 Markdown 的表格运行结果

（5）数学公式编辑

LaTeX 是写科研论文的必备工具，不但能实现严格的文档排版，而且能编辑复杂的数学公式。在 Jupyter Notebook 的 Markdown 单元中也可以使用 LaTeX 的语法插入数学公式。在文本行中插入数学公式只需使用两个"$"符号即可，如质能方程"$E = mc^2$"。如果要插入一个数学区块，则使用两个"$$"符号，如"$$ z = \frac{x}{y} $$"表示式（1-1）。

$$z = \frac{x}{y} \tag{1-1}$$

在输入式（1-1）的 LaTeX 表达式后运行代码，如图 1-32 所示。

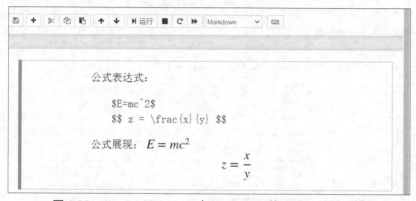

图 1-32　Jupyter Notebook 中 Markdown 的 LaTeX 语法示例

2. 导出功能

Notebook 还有一个强大的功能，即导出功能，可以将 Notebook 导出为多种格式，如 HTML、Markdown、ReST、PDF（通过 LaTeX）和 Raw Python 等。其中，导出 PDF 功能让读者不用写 LaTeX 公式即可创建漂亮的 PDF 文档。读者还可以将 Notebook 作为网页发布在自己的网站上。读者甚至可以将其导出为 ReST 格式，作为软件库的文档。导出功能可通过选择"File"→"Download as"级联菜单中的命令实现，如图 1-33 所示。

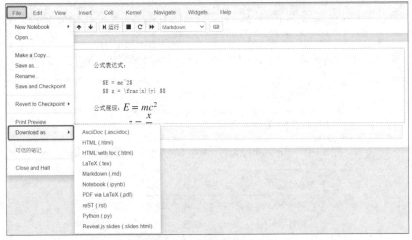

图 1-33　导出功能级联菜单

3. 插件

Jupyter Notebook 是一种当前十分流行的基于网页的开发环境，它灵活、高度可扩展，不仅允许用户创建和共享含有代码的文档，还可以植入公式、可视化图片和描述性的文本等。扩展插件是扩展 Jupyter Notebook 环境基本功能的简单插件，它们由 Python 语言编写，能自动套用代码格式或在单元格完成后发送浏览器通知。安装 Jupyter Nbextensions Configurator 扩展插件，重启 Jupyter Notebook，并导航至 Nbextensions 选项卡，里面有很多插件可供选择，如图 1-34 所示。

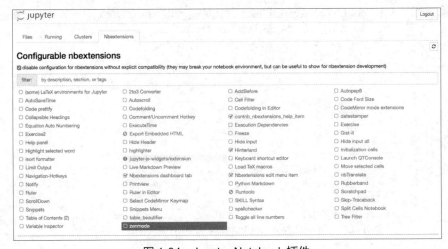

图 1-34　Jupyter Notebook 插件

这里只需勾选相应插件即可自动载入，从而帮助开发人员减少工作量。下面将分别介绍 Hinterland、Table of Contents、Execute Time 插件。

（1）Hinterland 插件

代码补全是大部分 IDE 都具备的常见功能，如 PyCharm。Jupyter Notebook 虽然自带补全功能，但是每次都需要按"Tab"键补全，这样效率相对较低。Hinterland 是一款代码自动补全插件，可在 Jupyter Notebook 内完成代码自动补全。当用户输入几个函数名包含的字母后，它能够快速补全函数，补全速度堪比 PyCharm。它的代码提示功能也很强大，如图 1-35 所示。

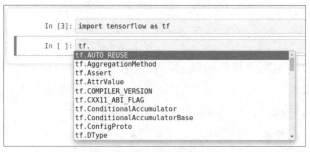

图 1-35　Hinterland 插件

（2）Table of Contents 插件

Table of Contents 插件可以基于 Notebook 中创建的标题自动生成目录。例如，在 Notebook 中创建以下标题。

```
# This is a super big title
## This is a big title
### This is a medium title
#### This is a small title
```

当创建了标题后，界面的左侧将会生成目录。双击目录中的标题，即可链接至对应标题内容，如图 1-36 所示。

图 1-36　Table of Contents 插件

（3）Execute Time 插件

Execute Time 插件可用于统计每个单元的执行时间。在企业项目中，为了查找程序耗时的位置以提高效率，需要统计代码的运行时间。最初级的用法是在每个函数开始和结尾处写一个计时语句，这样相对烦琐。如果使用 Execute Time 插件统计每个单元的执行时间，那么将会相对简单，如图 1-37 所示。

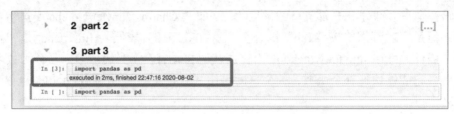

图 1-37　Execute Time 插件

小结

　　本章介绍了数据与数据可视化的概念、数据可视化流程，以及常用的数据可视化图形的种类及作用；还介绍了常用的可视化工具和 Python 数据可视化库；最后介绍了 Python 数据可视化集成开发环境 Jupyter Notebook 的使用方法。

第 ❷ 章 数据的读取与处理

在 Python 中，大量的数据对象往往是从外部文件导入的，而不是直接输入的。外部数据的文件存在多种形式，如格式化文本、Excel、数据库等。同时，很多原始数据也存在着质量问题，如数据重复、数据缺失、数据异常等，因此，需要进行必要的预处理和调整。本章将以 pandas 库为基础，介绍常见数据文件的导入，以及对数据进行校验、清洗和合并的方法。

学习目标

（1）掌握不同数据类型的读取方法。
（2）掌握数据校验方法。
（3）掌握数据清洗的常见方法。
（4）掌握数据合并的常见方法。

2.1 读取数据

数据的读取是进行数据预处理、数据建模和分析的基础。对于不同的数据文件，pandas 提供了不同函数进行读取。其中，pandas 内置了十几种读写函数。常见的数据文件格式有 3 种，分别是 CSV 文件、Excel 文件和数据库。以某商场销售流水记录表数据为例，针对不同的格式需要使用不同的函数进行读取。

2.1.1 读取 CSV 文件数据

CSV 文件以纯文本形式存储表格数据（数字和文本）。CSV 文件由任意数量的记录组成，记录间以某种换行符分隔。每条记录都由字段组成，字段间的分隔符是其他字符或字符串，最常见的是逗号或制表符。CSV 文件是一种通用的、相对简单的文件格式，被广泛应用于多个领域。pandas 提供了 read_csv 函数，用于读取 CSV 文件；提供了 to_csv 函数，用于将结构化数据写入 CSV 文件，以实现数据存储。

1. 文本文件读取

read_csv 函数的基本使用格式如下。

```
pandas.read_csv(filepath_or_buffer, sep='\t', header='infer', names=None,
index_col=None, dtype=None, engine=None, nrows=None)
```

Python 数据可视化实战

read_csv 函数常用参数及其说明如表 2-1 所示。

表 2-1　read_csv 函数常用参数及其说明

参数名称	说　　明
filepath_or_buffer	接收 str，表示文件路径。无默认值
sep	接收 str，表示分隔符。默认为 ","
header	接收 int 或 sequence，表示将某行数据作为列名。默认为 infer，表示自动识别
names	接收 array，表示列名。默认为 None
index_col	接收 int、sequence 或 False，表示索引列的位置，取值为 sequence 则表示多重索引。默认为 None
dtype	接收 dict，表示写入的数据类型（列名为 key，数据格式为 values）。默认为 None
engine	接收 C 或 Python，代表数据解析引擎。默认为 C
nrows	接收 int，表示读取前 n 行。默认为 None

以某商场销售流水记录表为例，使用 read_csv 函数读取数据，如代码 2-1 所示。

代码 2-1　使用 read_csv 函数读取销售流水记录表

```
In[1]:    # 使用 read_csv 函数读取销售流水记录表
          import pandas as pd
          data1 = pd.read_csv('../data/销售流水记录1.csv', encoding='gb18030')
          print('使用 read_csv 函数读取的销售流水记录表的长度为: ', len(data1))

Out[1]:   使用 read_csv 函数读取的销售流水记录表的长度为: 611200
```

read_csv 函数中的 sep 参数用于指定文本的分隔符，如果分隔符指定错误，那么在读取数据的时候，数据将连成一片。header 参数用于指定列名，如果是 None，那么会添加一个默认的列名。encoding 代表文件的编码格式，常用的编码格式有 utf-8、utf-16、gbk、gb2312、gb18030 等。如果编码格式指定错误，那么数据将无法读取，IPython 解释器将会报解析错误。更改参数来读取销售流水记录表，如代码 2-2 所示。

代码 2-2　更改参数来读取销售流水记录表

```
In[2]:    # 使用 read_csv 函数读取销售流水记录表, header=None
          data2 = pd.read_csv('../data/销售流水记录2.csv', header=None, encoding=
          'gb18030')
          print('使用 read_csv 读取的销售流水记录表的长度为: ', len(data2))
          print('列名为 None 时订单信息表为: ')
          data2.iloc[0:5,0:4]

Out[2]:   使用 read_csv 函数读取的销售流水记录表的长度为: 610656
          列名为 None 时订单信息表为:
          0    1          2          3
          0    create_dt  order_id   sku_id     sku_name
```

24

1	2017-07-22	717481014000141	2006544612	吉香居 组合装 风味豆豉 280g*2
2	2017-07-22	717481014000141	2008180827	伊利 优酸乳果粒酸奶饮品哈

密瓜味 245g*12

3	2017-07-22	717484722000342	2005526101	优选五花肉 约 500g
4	2017-07-22	717484722000342	2005508971	优选后腿肉 约 500g

```
In[3]:    # 使用 utf-8 解析销售流水记录表
          data3 = pd.read_csv('../data/销售流水记录2.csv', header=None, encoding=
          'utf-8')

Out[3]:   UnicodeDecodeError: 'utf-8' codec can't decode byte 0xbc in position
          158: invalid start byte
```

表 2-1 中列举了数据分析中常用的 read_csv 函数的参数,能够满足多数情况下对读取 CSV 文件的需求。如果对全部参数感兴趣,可以阅读 pandas 官方的 API 文档。

2．文本文件存储

to_csv 函数的基本使用格式如下。

```
DataFrame.to_csv(path_or_buf=None, sep=',', na_rep='', columns=None, header=True,
index=True, index_label=None, mode='w', encoding=None)
```

to_csv 函数常用参数及其说明如表 2-2 所示。

表 2-2　to_csv 函数常用参数及其说明

参数名称	说　　明
path_or_buf	接收 str,表示文件路径。默认为 None
sep	接收 str,表示分隔符。默认为 ","
na_rep	接收 str,表示缺失值。默认为 ""
columns	接收 list,表示写出的列名。默认为 None
header	接收 boolean,表示是否将列名写出。默认为 True
index	接收 boolean,表示是否将行名(索引)写出。默认为 True
index_label	接收 sequence,表示索引名。默认为 None
mode	接收特定 str,表示数据写入模式。默认为 w
encoding	接收特定 str,表示存储文件的编码格式。默认为 None

使用 to_csv 函数将销售流水记录表写入 CSV 文件,如代码 2-3 所示。

代码 2-3　使用 to_csv 函数将销售流水记录表写入 CSV 文件

```
In[4]:    import os
          print('销售流水记录表写入文本文件前目录内文件列表为: \n', os.listdir
          ('../tmp'))
          data1.to_csv('../tmp/SaleInfo.csv', sep=';', index=False)  # 将
          data1 以 CSV 格式存储
```

```
print('销售流水记录表写入文本文件后目录内文件列表为：\n', os.listdir
('../tmp'))
```

Out[4]: 销售流水记录表写入文本文件前目录内文件列表为：
[]
销售流水记录表写入文本文件后目录内文件列表为：
['SaleInfo.csv']

2.1.2 读取 Excel 文件数据

Excel 是办公自动化中非常重要的一款软件，它不仅能够方便地处理表格和进行图形分析，而且拥有强大的功能，如对数据进行自动处理和计算。Excel 广泛地应用于管理、统计和金融等众多领域。Excel 文件的扩展名依照程序版本的不同分为以下两种。

（1）Microsoft Office Excel 2007 之前的版本（不包括 2007）默认保存的文件扩展名为.xls。

（2）Microsoft Office Excel 2007 之后的版本默认保存的文件扩展名为.xlsx。

1. Excel 文件读取

pandas 提供了 read_excel 函数，用于读取 ".xls" ".xlsx" 两种 Excel 文件，其基本使用格式如下。

```
pandas.read_excel(io, sheetname=0, header=0, index_col=None, names=None, dtype=None)
```

read_excel 函数常用参数及其说明如表 2-3 所示。

表 2-3　read_excel 函数常用参数及其说明

参数名称	说　明
io	接收 str，表示文件路径。无默认值
sheetname	接收 str、int、list，表示 Excel 表内工作表的名称。默认为 0
header	接收 int 或 sequence，表示将某行数据作为列名。默认为 0
index_col	接收 int、int 型 list，表示索引列的行标签。默认为 None
names	接收 array-like，表示要使用的列名列表。默认为 None
dtype	接收 dict，表示写入的数据类型（列名为 key，数据格式为 values）。默认为 None

若折扣信息表为.xlsx 格式，则读取其数据的方式如代码 2-4 所示。

代码 2-4　使用 read_excel 函数读取折扣信息表

```
In[5]:    data3 = pd.read_excel('../data/折扣信息表.xlsx')  # 读取折扣信息表的
          数据
          print('data3 信息长度为：', len(data3))

Out[5]:   data3 信息长度为：  11420
```

2. Excel 文件存储

将文件存储为 Excel 文件，可以使用 to_excel 函数，其基本使用格式如下。

```
DataFrame.to_excel(excel_writer=None, sheet_name=None, na_rep='', header=True,
index=True, index_label=None, mode='w', encoding=None)
```

to_excel 函数和 to_csv 函数的常用参数基本一致，区别之处在于它指定存储文件的文件路径参数为 excel_writer，并且没有 sep 和 columns 参数。此外，to_excel 函数增加了一个 sheet_name 参数，用于指定存储的 Excel Sheet 的名称，默认为 sheet1。

将折扣信息表存储为 Excel 文件，如代码 2-5 所示。

代码 2-5 使用 to_excel 函数将折扣信息表存储为 Excel 文件

In[6]:	`data3.to_excel('../tmp/data_save.xlsx')` `print('data3写入 Excel 文件后目录内文件列表为:\n', os.listdir('../tmp'))`
Out[6]:	data3 写入 Excel 文件后目录内文件列表为: `['data_save.xlsx', 'SaleInfo.csv']`

2.1.3 读取数据库数据

目前，大量的数据都存储在数据库中。pandas 提供了读取与存储关系数据库数据的函数和方法。除了 pandas 库外，还需要使用 SQLAlchemy 库建立对应的数据库连接。SQLAlchemy 配合相应数据库的 Python 连接工具（例如，MySQL 数据库需要安装 mysqlclient 或 PyMySQL 库，Oracle 数据库需要安装 cx_oracle 库），使用 create_engine 函数即可建立一个数据库连接。pandas 支持 MySQL、postgresql、Oracle、SQL Server 和 SQLite 等主流数据库。

1. 数据库数据读取

pandas 中有 3 个函数可以实现数据库数据读取，分别为 read_sql、read_sql_table 和 read_sql_query。其中，read_sql_table 只能够读取数据库中的某一个表，不能实现查询操作；read_sql_query 则只能实现查询操作，不能直接读取数据库中的某个表；read_sql 是两者的综合，既能够读取数据库中的某一个表，也能够实现查询操作。这 3 个函数的基本使用格式如下。

```
pandas.read_sql_table(table_name, con, schema=None, index_col=None, coerce_float=
True, columns=None)
pandas.read_sql_query(sql, con, index_col=None, coerce_float=True)
pandas.read_sql(sql, con, index_col=None, coerce_float=True, columns=None)
```

使用 SQLAlchemy 库连接 MySQL 数据库，如代码 2-6 所示。

代码 2-6 使用 SQLAlchemy 库连接 MySQL 数据库

In[7]:	`import pandas as pd`
	`import sqlalchemy`
	`# 创建一个 MySQL 连接器，用户名为 root，密码为 123456`
	`# 地址为 127.0.0.1，数据库名称为 big_data`
	`sqlalchemy_db = sqlalchemy.create_engine(`

```
            'mysql+pymysql://root:123456@127.0.0.1:3306/big_data')
      print(sqlalchemy_db)
```

Out[7]:   Engine(mysql+pymysql://root:***@127.0.0.1:3306/big_data)

在 creat_engine 函数中输入的是一个连接字符串。在使用 Python 的 SQLAlchemy 库时，MySQL 和 Oracle 数据库连接字符串的格式如下。

数据库产品名+连接工具名：//用户名:密码@数据库 IP 地址:数据库端口号/数据库名称？charset = 数据库数据编码

pandas 的 3 个数据库数据读取函数的参数几乎完全一致，唯一的区别在于传入的是语句还是表名。这 3 个函数的参数及其说明如表 2-4 所示。

表 2-4   read_sql_table、read_sql_query、read_sql 函数的参数及其说明

参数名称	说　　明
sql or table_name	接收 str，表示读取数据的表名或 SQL 语句。无默认值
con	接收数据库连接，表示数据库连接信息。无默认值
index_col	接收 int、sequence 或 False，表示将设定的列作为行名，如果是一个数列，那么是多重索引。默认为 None
coerce_float	接收 boolean，表示将数据库中的 decimal 类型的数据转换为 pandas 中的 float64 类型的数据。默认为 True
columns	接收 list，表示读取数据的列名。默认为 None（注：read_sql_query 函数不存在此参数）

在创建数据库连接后，即可用 pandas 的 3 个函数读取数据库中的表，如代码 2-7 所示。

代码 2-7   使用 read_sql_query、read_sql_table、read_sql 函数读取数据库数据

```
In[8]:     import pandas as pd
           # 使用 read_sql_query 函数查看 big_data 中的数据表数目
           formlist = pd.read_sql_query('show tables', con=sqlalchemy_db)
           print('big_data 数据库数据表清单为: ', '\n', formlist)

Out[8]:    big_data 数据库数据表清单为:
              Tables_in_big_data
           0              sale2

In[9]:     # 使用 read_sql_table 函数读取销售流水记录表
           detail1 = pd.read_sql_table('sale2', con=sqlalchemy_db)
           print('使用 read_sql_table 读取销售流水记录表的长度为: ', len(detail1))

Out[9]:    使用 read_sql_table 读取销售流水记录表的长度为: 610655

In[10]:    # 使用 read_sql 函数读取销售流水记录表
           detail2 = pd.read_sql('select * from sale2', con=sqlalchemy_db)
           print('使用 read_sql 函数 + sql 语句读取销售流水记录表的长度为: ',
           len(detail2))
```

```
detail3 = pd.read_sql('sale2', con=sqlalchemy_db)
print('使用 read_sql 函数+表格名称读取的销售流水记录表的长度为：',
len(detail3))
```

Out[10]: 使用 read_sql 函数+sql 语句读取销售流水记录表的长度为：610655
使用 read_sql 函数+表格名称读取的销售流水记录表的长度为：610655

2. 数据库数据存储

将 DataFrame 数据写入数据库中，同样也要依赖 SQLAlchemy 的数据库连接。数据库数据读取有 3 个函数，但数据库数据存储只有一个 to_sql()方法。to_sql()方法的基本使用格式如下。

```
DataFrame.to_sql(name, con, schema=None, if_exists='fail', index=True, index_label=None, dtype=None)
```

to_sql()方法的常用参数及其说明如表 2-5 所示。

表 2-5　to_sql()方法的常用参数及其说明

参数名称	说　　明
name	接收 str，表示数据库表名。无默认值
con	接收数据库连接，表示数据库连接信息。无默认值
if_exists	接收 fail、replace、append。fail 表示如果表名存在，那么不执行写入操作；replace 表示如果存在，那么先将原数据库表删除，再重新创建；append 则表示在原数据库表的基础上追加数据。默认为 fail
index	接收 boolean，表示是否将行索引作为数据传入数据库。默认为 True
index_label	接收 str 或 sequence，表示是否引用索引名称，如果 index 参数为 True，此参数为 None，那么使用默认名称。如果为多重索引，那么必须使用 sequence 形式。默认为 None
dtype	接收 dict，表示写入的数据类型（列名为 key，数据格式为 values）。默认为 None

使用 to_sql()方法在 Python 中写入销售流水记录表，如代码 2-8 所示。

代码 2-8　使用 to_sql()方法写入数据

```
In[11]:    # 使用 to_sql()方法将 detail 中的数据存储列名为 big_data 的数据库中
           detail1.to_sql('sale_copy', con=sqlalchemy_db, index=False,
           if_exists='replace')
           # 使用 read_sql_query 函数读取 big_data 表格中的内容
           formlist1 = pd.read_sql_query('show tables', con=sqlalchemy_db)
           print('新增一个表格后 big_data 数据库数据表清单为:', '\n', formlist1)

Out[11]:   新增一个表格后 big_data 数据库数据表清单为:
              Tables_in_big_data
           0              sale2
           1          sale_copy
```

2.2 处理数据

由于实际产生的数据本身存在噪声数据，因此对数据进行预处理、提高数据质量和加深对数据的理解就显得非常重要，这也为后续的可视化操作奠定了基础。

2.2.1 校验数据

如果用于可视化的数据存在问题，那么基于这些数据得到的可视化结果，无论是用于展示还是解读，都可能会有陷阱或错误。因此，在数据可视化之前，需要对数据进行校验。有一份高质量的基础数据，才能得到正确的可视化结果，并从中总结出有用的结论。数据校验的主要任务是检查原始数据中是否存在噪声数据，常见的噪声数据包括不一致的值、缺失值和异常值。

1. 一致性校验

数据的不一致性是指各类数据的矛盾性、不相容性。数据不一致是数据冗余、并发控制不当或各种故障、错误造成的。对数据进行分析时需要对数据进行一致性校验，检查数据中是否存在不一致的值。

（1）时间校验

时间不一致是指数据在合并或联立后，时间字段出现时间范围、时间粒度、时间格式和时区不一致等情况。

时间范围不一致通常表现在不同表的时间字段中所包含的时间的取值范围不一致。表 2-6 所示的两个表的时间字段的取值范围分别为 2020 年 3 月 2 日至 2020 年 3 月 29 日和 2020 年 3 月 15 日至 2020 年 4 月 18 日，此时如果需要联立两个表，那么需要对时间字段进行补全，否则会产生大量的空值或报错。

表 2-6 时间范围不一致

create_time_1	create_time_2
2020-03-02 09:36:00	2020-03-15 11:37:00
2020-03-03 10:31:00	2020-03-16 10:43:00
……	……
2020-03-28 14:15:00	2020-04-17 18:23:00
2020-03-29 20:28:00	2020-04-18 22:45:00

时间粒度不一致通常是在数据采集时没有设置统一的采集频率，如系统升级后采集频率发生了改变；或不同系统间的采集频率不一致，导致采集到的数据的时间粒度不一致。例如，某地一部分设备的系统尚未升级，采集频率为每分钟采集一次；另一部分设备已经完成升级，升级后采集频率提高至每 30s 采集一次，如表 2-7 所示。如果此时将这两部分数据合并，那么将会导致数据时间粒度不一致。

表 2-7 时间粒度不一致

cresat_time_1	cresat_time_2
2020/07/20 12:44:00	2020/8/7 15:11:30
2020/07/20 12:45:00	2020/8/7 15:12:00
2020/07/20 12:46:00	2020/8/7 15:12:30
2020/07/20 12:47:00	2020/8/7 15:13:00
2020/07/20 12:49:00	2020/8/7 15:13:30
2020/07/20 12:50:00	2020/8/7 15:14:00

时间格式不一致通常是不同系统之间设置时间字段时采用的格式不一致导致的，尤其是当系统中的时间字段使用字符串格式的时候。例如，订单系统的时间字段 order_time1 与结算系统的时间字段 order_time2 采用了不同的格式导致时间格式不一致，如表 2-8 所示。

表 2-8 时间格式不一致

order_time1	order_time2
2020-09-01 11:25:00	20201003122600
2020-09-01 11:30:00	20201003123100
2020-09-01 11:34:00	20201003123600
2020-09-01 11:41:00	20201003125100
2020-09-01 11:45:00	20201003125500

时区不一致通常是由于数据传输时的设置不合理而导致时间字段出现不一致的情况。例如，在设置海外的服务器时没有修改时区，会导致时间数据在传输回本地的服务器时因时区差异而不一致。这种情况下的时间数据往往会呈现较为规律的差异性，即时间之间可能会有一个固定的差异值。例如，海外服务器时间 global_serve_time 与本地服务器时间 local_serve_time 由于时区差异，固定相差 5h，如表 2-9 所示。

表 2-9 时区不一致

local_sever_time	global_sever_time
2020/08/07 12:12:30	2020/08/07 17:12:30
2020/08/07 12:13:00	2020/08/07 17:13:00
2020/08/07 12:13:30	2020/08/07 17:13:30
2020/08/07 12:14:00	2020/08/07 17:14:00
2020/08/07 12:14:30	2020/08/07 17:14:30

（2）字段信息校验

在合并不同来源的数据时，字段可能存在以下 3 种不一致的问题。

① 同名异义

同名异义是指两个名称相同的字段所代表的实际意义不一致。例如，数据源 A 中的 ID 字段和数据源 B 中的 ID 字段分别描述的是商品编号和订单编号，即描述的是不同的实体，如表 2-10 所示。

表 2-10　同名异义的 ID 字段

ID_A	ID_B
2003117399	1014000141
2003117402	1014000141
2003117403	4722000342
2003117407	4722000342
2003117412	4722000342

② 异名同义

异名同义是指两个名称不同的字段所代表的实际意义是一致的。例如，数据源 A 中的 sales_dt 字段和数据源 B 中的 sales_date 字段都描述的是销售日期，即 A.sales_dt = B.sales_date，如表 2-11 所示。

表 2-11　异名同义的销售日期字段

A.sales_dt	B.sales_date
2020/3/02	2020/3/02
2020/3/04	2020/3/04
2020/3/11	2020/3/11
2020/3/19	2020/3/19
2020/3/24	2020/3/24

③ 单位不统一

单位不统一是指两个名称相同的字段所代表的实际意义一致，但是所使用的单位不一致。例如，数据源 1 中的 sales_amount 字段使用的是人民币，而数据源 2 中 sales_amount 字段使用的是美元，如表 2-12 所示。

表 2-12　单位不统一的 sales_amount 字段

sales_amount_1	sales_amount_2
45.60	6.74
54.70	8.08
58.90	8.70
76.50	11.30
66.90	9.88

2. 缺失值校验

缺失值是指数据中因缺少信息而造成的数据的聚类、分组或截断。缺失值按缺失的分布模式可以分为完全随机缺失、随机缺失和完全非随机缺失。完全随机缺失（Missing Completely At Random，MCAR）指的是数据的缺失是随机的，不依赖于任何不完全变量或完全变量；随机缺失（Missing At Random，MAR）指的是数据的缺失不是完全随机的，即该类数据的缺失依赖于其他完全变量；完全非随机缺失（Missing Not At Random，MNAR）指的是数据的缺失依赖于不完全变量自身。

在 Python 中，可以利用表 2-13 所示的缺失值校验函数检测数据中是否存在缺失值。

表 2-13　Python 缺失值校验函数

函数名	函数功能	所属扩展库	格式	参数及返回值
isnull	判断是否为空值	pandas	D.isnull()或pandas.isnull(D)	参数为 DataFrame 或 pandas 的 Series 对象，返回的是一个布尔类型的 DataFrame 或 Series
notnull	判断是否为非空值	pandas	D.notnull()或pandas.notnull(D)	参数为 DataFrame 或 pandas 的 Series 对象，返回的是一个布尔类型的 DataFrame 或 Series
count	非空元素计算	—	D.count()	参数为 DataFrame 或 pandas 的 Series 对象，返回的是 DataFrame 中每一列的非空值个数或 Series 对象的非空值个数

对表 2-14 所示的数据（表中空白处表示缺失值）进行缺失值识别和缺失率统计，如代码 2-9 所示。

表 2-14　缺失值数据

x1	x2	x3	x4	x5
184156	0.01735	22.73229	59.63882	53.51006
538694	—	16.64149	8.913073	—
240942	22.93948	—	9.113554	64.87317
—	14.65928	15.88822	10.71886	—
196886	—	24.23236	4.908059	58.10549
247455	16.99924	20.40923	39.31647	—
442099	14.53003	—	93.59987	34.73493

代码 2-9　缺失值识别与缺失率统计

```
In[12]:    import pandas as pd
           data = pd.read_excel('../data/data.xlsx')
           print('data 中元素是否为空值的布尔型 DataFrame 为:\n', data.isnull())
```

```
print('data 中元素是否为非空值的布尔型 DataFrame 为:\n', data.notnull())
```

Out[12]: data 中元素是否为空值的布尔型 DataFrame 为:

```
     x1     x2     x3     x4     x5
0  False  False  False  False  False
1  False   True  False  False   True
2  False  False   True  False  False
3   True  False  False  False   True
4  False   True  False  False  False
5  False  False  False  False   True
6  False  False   True  False  False
```

data 中元素是否为非空值的布尔型 DataFrame 为:

```
     x1     x2     x3     x4     x5
0   True   True   True   True   True
1   True  False   True   True  False
2   True   True  False   True   True
3  False   True   True   True  False
4   True  False   True   True   True
5   True   True   True   True  False
6   True   True  False   True   True
```

In[13]:
```
print('data 中每个特征对应的非空值数为: \n', data.count())
print('data 中每个特征对应的缺失率为:\n', 1-data.count() / len(data))
```

Out[13]: data 中每个特征对应的非空值数为:

```
x1    6
x2    5
x3    5
x4    7
x5    4
dtype: int64
```

data 中每个特征对应的缺失率为:

```
x1    0.142857
x2    0.285714
x3    0.285714
x4    0.000000
x5    0.428571
dtype: float64
```

3. 异常值校验

异常值是指样本中的个别值明显偏离所属样本的其余观测值。

假设数据服从正态分布，一组数据中与平均值的偏差超过两倍标准差的数据则为异常值，称为四分位距（Inter Quartile Range，IQR）准则；与平均值的偏差超过 3 倍标准差的数据则为高度异常的异常值，称为 3σ 原则。

在实际测量中，异常值一般是由于疏忽、失误或突然发生的意外事件而导致的，如读错、记错、仪器示值突然跳动、仪器突然振动、操作失误等。因为异常值的存在会歪曲测量结果，所以需要检测数据中是否存在异常值。

在 Python 中可以利用表 2-15 所示的函数进行异常值检测。

表 2-15　Python 异常值检测函数

函数名	函数功能	所属扩展库	格式	参数说明
percentile	计算百分位数	NumPy	numpy.percentile (a,q,axis=None)	参数 a，接收 array 或类似 arrary 的对象，表示输入的数组。无默认值
				参数 q，接收 float 或类似 array 的对象，表示计算的百分位数，必须介于 0~100。无默认值
				参数 axis，接收 int，表示计算百分位数的轴，可选 0 或 1。默认为 None
mean	计算平均值	pandas	pandas.DataFrame.mean()	接收 DataFrame 或 pandas 的 Series 对象
std	计算标准差	pandas	pandas.DataFrame.std()	接收 DataFrame 或 pandas 的 Series 对象

使用 IQR 准则和 3σ 原则检测元组 array 中的异常值，然后返回异常值，并计算元组 array 中异常值所占的比例，如代码 2-10 所示。

代码 2-10　检测元组 array 中的异常值及其所占比例

```
In[14]:    import pandas as pd
           import numpy as np
           arr = (18.02, 63.77, 79.52, 29.89, 68.86, 54.49, 92.59, 376.04, 5.92,
                  83.75, 70.12, 459.38, 82.96, 37.81, 65.08, 59.07, 47.56, 86.96,
                  38.38, 1100.34, 7.98, 2.82, 74.76, 87.64, 67.90, 89.9, 2000.67)
           # 利用箱线图的 IQR 准则对异常值进行检测
           Percentile = np.percentile(arr, [0, 25, 50, 75, 100]) # 计算百分位数
           IQR = Percentile[3] - Percentile[1]  # 计算箱线图 IQR
           UpLimit = Percentile[3] + IQR*1.5  # 计算临界值上界
           arrayownLimit = Percentile[1] - IQR * 1.5  # 计算临界值下界
           # 判断异常值，大于上界或小于下界的值即为异常值
           abnormal = [i for i in arr if i > UpLimit or i < arrayownLimit]
           print('箱线图的 IQR 准则检测出的 array 中的异常值为：\n', abnormal)
           print('箱线图的 IQR 准则检测出的异常值比例为：\n', len(abnormal) / len(arr))
Out[14]:   箱线图的 IQR 准则检测出的 array 中的异常值为：
            [376.04, 459.38, 1100.34, 2000.67]
           箱线图的 IQR 准则检测出的异常值比例为：
            0.14814814814814814
In[15]:    # 利用 3σ 原则对异常值进行检测
           array_mean = np.array(arr).mean()  # 计算平均值
```

```
array_sarray = np.array(arr).std()  # 计算标准差
array_cha = arr - array_mean  # 计算元素与平均值之差
# 返回异常值所在位置
ind = [i for i in range(len(array_cha)) if np.abs(array_cha[i])
> 3*array_sarray]
abnormal = [arr[i] for i in ind]  # 返回异常值
print('3σ原则检测出的 array 中的异常值为：\n', abnormal)
print('3σ原则检测出的异常值比例为：\n', len(abnormal) / len(arr))
```

Out[15]: 3σ原则检测出的 array 中的异常值为：
[2000.67]
3σ原则检测出的异常值比例为：
0.037037037037037

2.2.2　清洗数据

数据重复会导致数据的方差值变小，并会导致数据分布发生较大变化。数据缺失会导致样本信息减少，不仅增加了数据分析的难度，而且会导致数据分析的结果产生偏差。异常值则会产生"伪回归"。因此需要对数据进行检测，观察数据中是否含有重复值、缺失值和异常值，并且需要对这些数据进行相应的处理。

1. 重复值处理

在数据收集工作中，往往会出现重复收集或重复写入的情况，从而导致数据的冗余，同时也会影响可视化结果的正确性。数据重复可以分为记录重复和特征重复。

（1）记录重复

记录重复是指一个或多个特征的某条记录的值完全相同。例如，销售流水记录表中的sku_name 特征存放了每个商品的名称，为找出所有商品名称，最简单的方法就是利用去重操作。通过列表（list）和集合（set）对销售流水记录表中的 sku_name 特征进行去重，如代码 2-11 所示。

代码 2-11　利用列表（list）和集合（set）去重

```
In[16]:  import pandas as pd
data1 = pd.read_csv('../data/销售流水记录1.csv', encoding='gb18030')
# 使用列表（list）去重
# 定义去重函数
def delRep(list1):
    list2 = []
    for i in list1:
        if i not in list2:
            list2.append(i)
    return list2
# 去重
sku_names = list(data1['sku_name'])  # 将 sku_name 从数据库中提取出来
print('去重前商品总数为：', len(sku_names))
sku_name = delRep(sku_names)  # 使用自定义的去重函数去重
print('使用列表（list）去重后商品的总数为：', len(sku_name))
```

```
Out[16]:    去重前商品总数为： 611200
            使用列表（list）去重后商品的总数为： 10427
In[17]:     # 使用集合（set）去重
            print('去重前商品总数为： ', len(sku_names))
            sku_name_set = set(sku_names)  # 利用集合的特性去重
            print('使用集合（set）去重后商品总数为： ', len(sku_name_set))
Out[17]:    去重前商品总数为： 611200
            使用集合（set）去重后商品总数为： 10427
```

比较代码 2-11 中的两种方法可以发现，未使用集合元素唯一性这一特性去重的方法的代码明显冗长，会拖慢数据分析的整体进度；使用集合元素唯一性去重的方法的代码看似简单了许多，但是这种方法的最大问题是会导致数据的排列发生改变。利用列表和集合对数据进行去重后的效果示例如表 2-16 所示。

表 2-16 利用列表和集合去重前后的数据排列比较

源数据	利用列表去重后的数据	利用集合去重后的数据
金龙鱼 葵花籽清香型调和油 5L	金龙鱼 葵花籽清香型调和油 5L	伊利 畅轻风味发酵乳 燕表+芒果味酸奶 250g
进口 香蕉 约 1kg	进口 香蕉 约 1kg	金龙鱼 葵花籽清香型调和油 5L
伊利 畅轻风味发酵乳 燕麦+芒果味酸奶 250g	伊利 畅轻风味发酵乳 燕麦+芒果味酸奶 250g	三全 猪肉香菇灌汤水饺 1kg
新希望 记忆风味发酵乳 195g	新希望 记忆风味发酵乳 195g	进口 香蕉 约 1kg
三全 猪肉香菇灌汤水饺 1kg	三全 猪肉香菇灌汤水饺 1kg	新希望 记忆风味发酵乳 195g

鉴于以上方法的缺陷，pandas 提供了一个名为 drop_duplicates()的去重方法。该方法只对 DataFrame 或 Series 类型的数据有效。这种方法不会改变数据原始排列，并且兼具代码简洁和运行稳定的特点，drop_duplicates()方法的基本使用格式如下。

```
pandas.DataFrame(Series).drop_duplicates(self, subset=None, keep='first', inplace=False)
```

当使用 drop_dupilicates()方法去重时，当且仅当 subset 参数中的特征存在重复的时候才会执行去重操作，去重时可以选择保留哪一个，甚至可以不保留。该方法常用参数及其说明如表 2-17 所示。

表 2-17 drop_duplicates()方法常用参数及其说明

参数名称	说　　明
subset	接收 str 或 sequence，表示进行去重的列。默认为 None，表示全部列

参数名称	说　　明
keep	接收特定 str，表示重复时保留第几个数据 first：保留第一个 last：保留最后一个 false：只要有重复就都不保留 默认为 first
inplace	接收 boolean，表示是否在原表上进行操作。默认为 False

利用 drop_duplicates()方法对商品销售流水记录表中的 sku_name 列进行去重操作，如代码 2-12 所示。

代码 2-12　使用 drop_duplicates()方法对 sku_name 列进行去重操作

```
In[18]:    sku_name_pandas = data1['sku_name'].drop_duplicates()  # 对 sku_
           name 去重
           print('drop_duplicates()方法去重之后商品总数为: ', len(sku_name_pandas))

Out[18]:   drop_duplicates()方法去重之后商品总数为: 10427
```

事实上，drop_duplicates()方法不仅支持单一特征的数据去重，而且能够依据 DataFrame 的其中一个或几个特征进行去重操作，具体用法如代码 2-13 所示。

代码 2-13　使用 drop_duplicates()方法对多列进行去重操作

```
In[19]:    print('去重之前销售流水记录表的形状为: ', data1.shape)
           shapeDet = data1.drop_duplicates(subset=['order_id', 'sku_id']).shape
           print('依照订单编号，商品编号去重之后销售流水记录表大小为: ', shapeDet)

Out[19]:   去重之前销售流水记录表的形状为: (611200, 10)
           依照订单编号，商品编号去重之后销售流水记录表大小为: (608176, 10)
```

（2）特征重复

特征重复是指存在一个或多个特征名称不同，但数据完全相同的情况。结合相关的数学和统计学知识，利用特征间的相似度，将两个相似度为 1 的特征去除一个，从而实现去除连续型特征重复。在 pandas 中，相似度的计算方法为 corr()。使用该方法计算相似度时，默认为"pearson"法，可以通过 method 参数调节具体方法。目前，pandas 还支持"spearman"法和"kendall"法。利用"kendall"法求出销售流水记录表数据中 sku_prc 列和 sku_sale_prc 列数据的相似度矩阵，如代码 2-14 所示。

代码 2-14　求出 sku_prc 和 sku_sale_prc 两列数据的相似度矩阵

```
In[20]:    # 求标价和卖价的相似度
           corrDet = data1[['sku_prc', 'sku_sale_prc']].corr(method='kendall')
           print('标价和卖价的 kendall 相似度为: \n', corrDet)
```

```
Out[20]:   标价和卖价的 kendall 相似度为：
                        sku_prc    sku_sale_prc
           sku_prc      1.000000      0.900969
           sku_sale_prc 0.900969      1.000000
```

但是通过相似度矩阵去重存在一个弊端：只能对数值型重复特征进行去重；类别型特征之间无法通过计算相似系数衡量相似度，因此无法根据相似度矩阵对其进行去重处理。对销售流水记录表中的 sku_name、sku_prc 和 sku_sale_prc 3 个特征进行 pearson 相似度矩阵的求解，但是最终只存在 sku_prc 和 sku_sale_prc 特征的 2×2 的相似度矩阵，如代码 2-15 所示。

代码 2-15　求出 sku_name、sku_prc 和 sku_sale_prc 3 个特征的相似度

```
In[21]:    corrDet1 = data1[['sku_name', 'sku_prc', 'sku_sale_prc']].corr
           (method='pearson')
           print('商品名称、标价和卖价的 pearson 相似度为：\n', corrDet1)

Out[21]:   商品名称、标价和卖价的 pearson 相似度为：
                        sku_prc    sku_sale_prc
           sku_prc      1.000000      0.970264
           sku_sale_prc 0.970264      1.000000
```

除了可以使用相似度矩阵进行特征去重之外，还可以通过 DataFrame.equals()方法进行特征去重，如代码 2-16 所示。

代码 2-16　使用 DataFrame.equals()方法进行特征去重

```
In[22]:    # 定义检验特征是否完全相同的矩阵的函数
           def FeatureEquals(df):
               dfEquals = pd.DataFrame([], columns=df.columns, index=df.columns)
               for i in df.columns:
                   for j in df.columns:
                       dfEquals.loc[i, j] = df.loc[:, i].equals(df.loc[:, j])
               return dfEquals
           # 应用上述函数
           detEquals = FeatureEquals(data1)
           print('data1 的特征相等矩阵的前 5 行 5 列为:\n', detEquals.iloc[:5, :5])

Out[22]:   data1 的特征相等矩阵的前 5 行 5 列为：
                         create_dt order_id sku_id sku_name is_finished
           create_dt     True      False    False  False    False
           order_id      False     True     False  False    False
           sku_id        False     False    True   False    False
           sku_name      False     False    False  True     False
           is_finished   False     False    False  False    True
```

再通过遍历的方式筛选出完全重复的特征，如代码 2-17 所示。

代码 2-17　通过遍历的方式进行数据筛选

```
In[23]:    # 遍历所有数据
           lenDet = detEquals.shape[0]
           dupCol = []
           for k in range(lenDet):
               for l in range(k+1, lenDet):
                   if detEquals.iloc[k, l] & (detEquals.columns[l] not in dupCol):
                       dupCol.append(detEquals.columns[l])
           # 进行去重操作
           print('需要删除的列为: ', dupCol)
           data1.drop(dupCol, axis=1, inplace=True)
           print('删除多余列后 detail 的特征数目为: ', data1.shape[1])
```

```
Out[23]:   需要删除的列为:  []
           删除多余列后 detail 的特征数目为:  10
```

2. 缺失值处理

缺失值的出现给可视化带来了一定的困扰，所以在检测到有缺失值的情况下，需要对其进行一定的处理，以提高数据的可视化效果。缺失值的处理通常有以下 3 种方法。

（1）删除法

删除法是指将含有缺失值的特征或记录删除。删除法分为删除观测记录和删除特征两种，它属于利用减少样本量换取信息完整度的方法，是一种最简单的缺失值处理方法。pandas 中提供了简便的删除缺失值的方法 dropna()，通过参数控制，该方法既可以删除观测记录，也可以删除特征。该方法的基本使用格式如下。

```
pandas.DataFrame.dropna(self, axis=0, how='any', thresh=None, subset=None,
inplace=False)
```

dropna()方法的主要参数及其说明如表 2-18 所示。

表 2-18　dropna()方法的主要参数及其说明

参数名称	说　明
axis	接收 0 或 1，表示轴向，0 为删除观测记录（行），1 为删除特征（列）。默认为 0
how	接收特定 str，表示删除的形式。any 表示只要有缺失值存在就执行删除操作。all 表示当且仅当全部为缺失值时才执行删除操作。默认为 any
subset	接收类 array 数据，表示进行去重的列或行。默认为 None，表示所有列或行
inplace	接收 boolean，表示是否在原表上进行操作。默认为 False

利用 dropna()方法对销售流水记录表进行缺失值处理，如代码 2-18 所示。

代码 2-18 使用 dropna()方法删除缺失值

```
In[24]:    print('去除含缺失值的列前 detail 的形状为：', data1.shape)
           print('去除含缺失值的列后 detail 的形状为：', data1.dropna(axis=1,
           how='any').shape)

Out[24]:   去除含缺失值的列前 detail 的形状为： (611200, 10)
           去除含缺失值的列后 detail 的形状为： (611200, 9)
```

当 how 参数取值为 "any" 时，删除了一个特征，说明这个特征存在缺失值。若 how 参数不取 "any"，而取 "all"，则表示当整个特征全部为缺失值时才会执行删除操作。

（2）替换法

替换法是指用一个特定的值替换缺失值。特征可分为数值型和类别型，两者出现缺失值时的处理方法也是不同的。缺失值所在特征为数值型时，通常使用其均值、中位数和众数等描述其集中趋势的统计量替换缺失值；缺失值所在特征为类别型时，则使用众数替换缺失值。pandas 库中提供了替换缺失值的方法 fillna()，其基本使用格式如下。

```
pandas.DataFrame.fillna(value=None, method=None, axis=None, inplace=False,
limit=None)
```

fillna()方法的主要参数及其说明如表 2-19 所示。

表 2-19 fillna()方法的主要参数及其说明

参数名称	说　　明
value	接收 scalar、dict、Series 或 DataFrame，表示用于替换缺失值的值。默认为 None
method	接收特定 str，backfill 或 bfill 表示使用下一个非缺失值填补缺失值，pad 或 ffill 表示使用上一个非缺失值填补缺失值。默认为 None
axis	接收 0 或 1，表示轴向。默认为 1
inplace	接收 boolean，表示是否在原表上进行操作。默认为 False
limit	接收 int，表示填补缺失值个数上限，超过则不进行填补。默认为 None

由于销售流水记录表中只有 upc_code 列存在缺失值，其类型是字符串类型，因此使用前一个非缺失值进行填补，如代码 2-19 所示。

代码 2-19 使用 fillna()方法替换缺失值

```
In[25]:    data1.isnull().sum()
           print('data1 每个特征缺失的数目为：\n', data1.isnull().sum())
           data1 = data1.fillna(method='bfill')
           print('data1 每个特征缺失的数目为：\n', data1.isnull().sum())

Out[25]:   data1 每个特征缺失的数目为：
           create_dt          0
           order_id           0
           sku_id             0
           sku_name           0
```

```
is_finished            0
sku_cnt                0
sku_prc                0
sku_sale_prc           0
sku_cost_prc           0
upc_code           15895
dtype: int64
data1 每个特征缺失的数目为:
create_dt              0
order_id               0
sku_id                 0
sku_name               0
is_finished            0
sku_cnt                0
sku_prc                0
sku_sale_prc           0
sku_cost_prc           0
upc_code               0
dtype: int64
```

（3）插值法

删除法简单易行，但是会引起数据结构变动，样本减少；替换法使用难度较低，但是会影响数据的标准差，导致信息量变动。在解决数据缺失问题时，除了这两种方法之外，还有一种常用的方法——插值法。

常用的插值法有线性插值、多项式插值和样条插值等。线性插值是一种较为简单的插值方法，它针对已知的值求出线性方程，通过求解线性方程得到缺失值；多项式插值是利用已知的值拟合一个多项式，使得现有的数据满足这个多项式，再利用这个多项式求解缺失值，常见的多项式插值有拉格朗日插值和牛顿插值等；样条插值是以可变样条做出一条经过一系列点的光滑曲线的插值方法，样条由一些多项式组成，每一个多项式都是由相邻两个数据点决定的，这样可以保证两个相邻多项式及其导数在连接处连续。

pandas 提供了对应的名为 interpolate() 的插值方法，该方法能够进行上述部分插值操作，但是 SciPy 的 interpolate 模块更加全面。使用 SciPy 的 interpolate 模块对创建的自变量 x 进行线性插值、拉格朗日插值和样条插值，如代码 2-20 所示。

代码 2-20　使用 SciPy 的 interpolate 模块进行插值

```
In[26]:    # 线性插值
           import numpy as np
           from scipy.interpolate import interp1d
           x = np.array([1, 2, 4, 5, 6, 8, 10])  # 创建自变量 x
           y1 = np.array([3, 17, 129, 251, 433, 1025, 2001])  # 创建因变量 y1
           y2 = np.array([5, 8, 14, 17, 20, 26, 32])  # 创建因变量 y2
           LinearInsValue1 = interp1d(x, y1, kind='linear')  # 线性插值拟合 x、y1
           LinearInsValue2 = interp1d(x, y2, kind='linear')  # 线性插值拟合 x、y2
           print('当 x 为 3、7、9 时，使用线性插值 y1 为: ', LinearInsValue1([3, 7, 9]))
           print('当 x 为 3、7、9 时，使用线性插值 y2 为: ', LinearInsValue2([3, 7, 9]))
```

```
Out[26]:  当 x 为 3、7、9 时，使用线性插值 y1 为：[ 73. 729. 1513.]
          当 x 为 3、7、9 时，使用线性插值 y2 为：[11. 23. 29.]
```

```
In[27]:   # 拉格朗日插值
          from scipy.interpolate import lagrange
          LargeInsValue1 = lagrange(x, y1)  # 拉格朗日插值拟合 x、y1
          LargeInsValue2 = lagrange(x, y2)  # 拉格朗日插值拟合 x、y2
          print('当 x 为 3、7、9 时，使用拉格朗日插值 y1 为：', LargeInsValue1([3,
          7, 9]))
          print('当 x 为 3、7、9 时，使用拉格朗日插值 y2 为：', LargeInsValue2([3,
          7, 9]))
```

```
Out[27]:  当 x 为 3、7、9 时，使用拉格朗日插值 y1 为：[ 55. 687. 1459.]
          当 x 为 3、7、9 时，使用拉格朗日插值 y2 为：[11. 23. 29.]
```

```
In[28]:   # 样条插值
          from scipy.interpolate import splrep, splev
          tck1 = splrep(x, y1)
          x_new = np.array([3, 7, 9])
          SplineInsValue1 = splev(x_new, tck1)  # 样条插值拟合 x、y1
          tck2 = splrep(x, y2)
          SplineInsValue2 = splev(x_new, tck2)  # 样条插值拟合 x、y2
          print('当 x 为 3、7、9 时，使用样条插值 y1 为：', SplineInsValue1)
          print('当 x 为 3、7、9 时，使用样条插值 y2 为：', SplineInsValue2)
```

```
Out[28]:  当 x 为 3、7、9 时，使用样条插值 y1 为：[ 55. 687. 1459.]
          当 x 为 3、7、9 时，使用样条插值 y2 为：[11. 23. 29.]
```

代码 2-20 中，自变量 x 和因变量 y_1 的关系如式（2-1）所示。

$$y_1 = 2x^3 + 1$$

（2-1）

自变量 x 和因变量 y_2 的关系如式（2-2）所示。

$$y_2 = 3x + 2$$

（2-2）

从代码 2-20 中的拟合结果可以看出，多项式插值（拉格朗日插值）和样条插值在两种情况下的拟合都非常出色，线性插值只在自变量和因变量为线性关系的情况下拟合才较为出色。而在实际分析过程中，因为自变量与因变量的关系是线性的情况非常少见，所以在大多数情况下，多项式插值和样条插值是较为合适的选择。

SciPy 库中的 interpolate 模块除了提供常规的插值法外，还提供了在图形学领域具有重要作用的重心坐标插值。在实际应用中，需要根据不同的场景选择合适的插值方法。

3. 异常值处理

异常值的存在对数据分析来说十分危险，计算分析过程中的数据异常值会对结果产生不良影响，从而导致分析结果产生偏差乃至错误。异常值的处理通常有 4 种方式：删除含有异常值的记录；将异常值视为缺失值，然后按缺失值的处理方式进行处理；用平均值修正异常值；某些情况下，异常值恰恰体现了非常重要的信息，这时可以保留异常值。

2.2.3 合并数据

在数据可视化的实际开发中，数据种类繁多，并可能使用不同的表分别存储不同类型的数据，但表和表之间又有联系。另外，当数据量大时，将会使用不同的表收集不同时段的数据，这样随着数据量的增加，表的数量也会增加。此时，如果将有关联的数据整合在一个表中，那么在对数据进行可视化和分析时，将会大大提高工作效率。合并数据的方法可分为堆叠合并、主键合并和重叠合并。

1. 堆叠合并数据

堆叠就是简单地将两个表拼在一起，也被称作轴向连接、绑定或连接。依照连接轴的方向，数据堆叠可分为横向堆叠和纵向堆叠。

（1）横向堆叠

横向堆叠即在 x 轴向上将两个表拼接在一起，可以使用 concat 函数完成。concat 函数的基本使用格式如下。

```
pandas.concat(objs, axis=0, join='outer', join_axes=None, ignore_index=False,
keys=None, levels=None, names=None, verify_integrity=False, copy=True)
```

concat 函数常用参数及其说明如表 2-20 所示。

表 2-20　concat 函数常用参数及其说明

参数名称	说　　明
objs	接收多个 Series、DataFrame、Panel 的组合，表示参与连接的 pandas 对象列表的组合。无默认值
axis	接收 0 或 1，表示连接的轴向。默认为 0
join	接收 inner 或 outer，表示其他轴向上的索引是按交集（inner）还是并集（outer）进行合并的。默认为 outer
join_axes	接收 Index 对象，表示用于其他 $n-1$ 条轴的索引，不执行并集或交集运算。默认为 None
ignore_index	接收 boolean，表示是否不保留连接轴上的索引，产生一组新索引 range(total_length)。默认为 False
keys	接收 sequence，表示与连接对象有关的值，用于形成连接轴向上的层次化索引。默认为 None
levels	接收包含多个 sequence 的 list，表示在指定 keys 参数后，指定用作层次化索引各级别上的索引。默认为 None
names	接收 list，表示在设置了 keys 和 levels 参数后，用于创建分层级别的名称。默认为 None
verify_integrity	接收 boolean，表示是否检查结果对象新轴上的重复情况，如果发现则引发异常。默认为 False

当 axis=1 时，concat 函数进行行对齐，然后将列名称不同的两个或多个表合并。当两个表的索引不完全一样时，可以使用 join 参数选择是内连接还是外连接。在内连接的情况下，仅返回索引重叠部分。在外连接的情况下，则显示索引的并集部分，不足的地方则使用空值填补，其原理示意如图 2-1 所示。

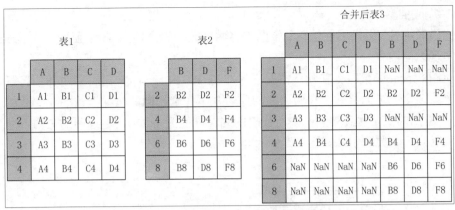

图 2-1　横向堆叠外连接的原理示意

实现代码如代码 2-21 所示。

代码 2-21　索引完全相同时使用 concat 函数进行横向堆叠

```
In[29]:    import pandas as pd
           # 创建数据
           data1 = pd.DataFrame({
               'A': ['A1', 'A2', 'A3', 'A4'], 'B': ['B1', 'B2', 'B3', 'B4'],
               'C': ['C1', 'C2','C3', 'C4'], 'D': ['D1', 'D2', 'D3', 'D4']},
               index=[1, 2, 3, 4])
           data2 = pd.DataFrame({
               'B': ['B2', 'B4', 'B6', 'B8'], 'D': ['D2', 'D4', 'D6', 'D8'],
               'F': ['F2', 'F4','F6', 'F8']}, index=[2, 4, 6, 8])
           print('内连接合并后的数据框为:\n', pd.concat([data1,data2],axis=1,
           join='inner'))
           print('外连接合并后的数据框为:\n', pd.concat([data1,data2],axis=1,
           join='outer'))
```

```
Out[29]:   内连接合并后的数据框为:
                A   B   C   D   B   D   F
           2   A2  B2  C2  D2  B2  D2  F2
           4   A4  B4  C4  D4  B4  D4  F4
           外连接合并后的数据框为:
                 A    B    C    D    B    D    F
           1    A1   B1   C1   D1  NaN  NaN  NaN
           2    A2   B2   C2   D2   B2   D2   F2
           3    A3   B3   C3   D3  NaN  NaN  NaN
           4    A4   B4   C4   D4   B4   D4   F4
           6   NaN  NaN  NaN  NaN   B6   D6   F6
           8   NaN  NaN  NaN  NaN   B8   D8   F8
```

（2）纵向堆叠

对比横向堆叠，纵向堆叠是在 y 轴向上将两个数据表拼接。concat 函数和 append()方法都可以实现纵向堆叠。

当使用 concat 函数时，在默认情况下，即 axis=0 时，concat 进行列对齐，将行索引不同的两个或多个表纵向合并。在两个表的列名并不完全相同的情况下，join 参数的取值为inner 时，返回的仅是两者列名交集所代表的列；取值为 outer 时，返回的是两者列名的并集所代表的列，其原理示意如图 2-2 所示。

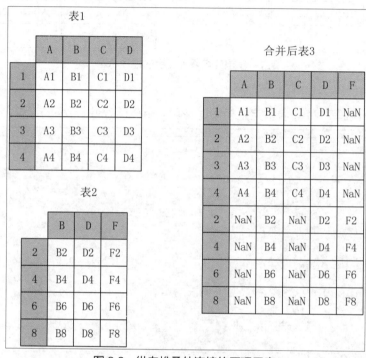

图 2-2　纵向堆叠外连接的原理示意

不论 join 参数的取值是 inner 或 outer，结果都是将两个表完全沿 y 轴拼接起来，如代码 2-22 所示。

代码 2-22　表名完全相同时使用 concat 函数进行纵向堆叠

In[30]:	`print('内连接纵向合并后的数据框为：\n', pd.concat([data1, data2], axis=0, join='inner'))` `print('外连接纵向合并后的数据框为：\n', pd.concat([data1, data2], axis=0, join='outer'))`
Out[30]:	内连接纵向合并后的数据框为： 　　　B　　D 1　B1　D1 2　B2　D2 3　B3　D3 4　B4　D4 2　B2　D2

```
4  B4  D4
6  B6  D6
8  B8  D8
```
外连接纵向合并后的数据框为：
```
   A    B    C    D    F
1  A1   B1   C1   D1   NaN
2  A2   B2   C2   D2   NaN
3  A3   B3   C3   D3   NaN
4  A4   B4   C4   D4   NaN
2  NaN  B2   NaN  D2   F2
4  NaN  B4   NaN  D4   F4
6  NaN  B6   NaN  D6   F6
8  NaN  B8   NaN  D8   F8
```

除了 concat 函数之外，append()方法也可以用于纵向合并两个表。但是使用 append()方法实现纵向表堆叠有一个前提条件，那就是两个表的列名需要完全一致。append()方法的基本使用格式如下。

```
pandas.DataFrame.append(self, other, ignore_index=False, verify_integrity=False)
```

append()方法的常用参数及其说明如表 2-21 所示。

表 2-21　append()方法的常用参数及其说明

参数名称	说　　明
other	接收 DataFrame 或 Series，表示要添加的新数据。无默认值
ignore_index	接收 boolean。如果输入 True，则会对新生成的 DataFrame 使用新的索引（自动产生）而忽略原来数据的索引。默认为 False
verify_integrity	接收 boolean。如果输入 True，那么当 ignore_index 为 False 时，会检查添加的数据索引是否冲突，如果冲突，则会添加失败。默认为 False

使用 append()方法进行纵向表堆叠，如代码 2-23 所示。

代码 2-23　使用 append()方法进行纵向表堆叠

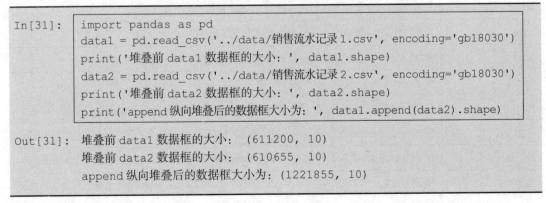

```
In[31]:  import pandas as pd
         data1 = pd.read_csv('../data/销售流水记录1.csv', encoding='gb18030')
         print('堆叠前 data1 数据框的大小：', data1.shape)
         data2 = pd.read_csv('../data/销售流水记录2.csv', encoding='gb18030')
         print('堆叠前 data2 数据框的大小：', data2.shape)
         print('append 纵向堆叠后的数据框大小为：', data1.append(data2).shape)

Out[31]: 堆叠前 data1 数据框的大小： (611200, 10)
         堆叠前 data2 数据框的大小： (610655, 10)
         append 纵向堆叠后的数据框大小为：(1221855, 10)
```

2. 主键合并数据

主键合并即通过一个或多个键将两个数据集的行连接起来，类似于 SQL 中的 join。若同一个主键存在两个包含不同字段的表，将它们根据某几个字段一一对应拼接起来，结果集的列数为两个元数据的列数和减去连接键的数量，如图 2-3 所示。

表1

	A	B	Key
1	A1	B1	k1
2	A2	B2	k2
3	A3	B3	k3
4	A4	B4	k4

表2

	C	D	Key
1	C1	D1	k1
2	C2	D2	k2
3	C3	D3	k3
4	C4	D4	k4

合并后表3

	A	B	Key	C	D
1	A1	B1	k1	C1	D1
2	A2	B2	k2	C2	D2
3	A3	B3	k3	C3	D3
4	A4	B4	k4	C4	D4

图 2-3　主键合并示例

pandas 库中的 merge 函数和 join()方法都可以实现主键合并，但两者的实现方式并不相同。

merge 函数的基本使用格式如下。

```
pandas.merge(left, right, how='inner', on=None, left_on=None, right_on=None,
left_index=False, right_index=False, sort=False, suffixes=('_x', '_y'),
copy=True, indicator=False)
```

和数据库的 join 一样，merge 函数也有左连接（left）、右连接（right）、内连接（inner）和外连接（outer），但比起数据库 SQL 中的 join，merge 函数还有其自身独到之处，如可以在合并过程中对数据集中的数据进行排序等。根据对 merge 函数中参数的说明，按照需求修改相关参数，即可通过多种方法实现主键合并。merge 函数常用的参数及其说明如表 2-22 所示。

表 2-22　merge 函数常用的参数及其说明

参数名称	说　明
left	接收 DataFrame 或 Series，表示要添加的新数据。无默认值
right	接收 DataFrame 或 Series，表示要添加的新数据。无默认值
how	接收 inner、outer、left、right，表示数据的连接方式。默认为 inner
on	接收 str 或 sequence，表示两个数据合并的主键（必须一致）。默认为 None
left_on	接收 str 或 sequence，表示将 left 参数接收的数据用于合并的主键。默认为 None
right_on	接收 str 或 sequence，表示将 right 参数接收的数据用于合并的主键。默认为 None
left_index	接收 boolean，表示是否将 left 参数接收数据的 index 作为连接主键。默认为 False
right_index	接收 boolean，表示是否将 right 参数接收数据的 index 作为连接主键。默认为 False
sort	接收 boolean，表示是否根据连接键对合并后的数据进行排序。默认为 False
suffixes	接收 tuple，表示用于追加到 left 和 right 参数接收数据重叠列名的后缀，默认为('_x','_y')

使用 merge 函数合并商品销售流水记录表和商品信息表，如代码 2-24 所示。

代码 2-24　使用 merge 函数合并数据

In[32]:	``` import pandas as pd data1 = pd.read_csv('../data/销售流水记录1.csv', encoding='gb18030', low_memory=False) print('销售流水记录表的原始形状为: ', data1.shape) goods_info = pd.read_excel('../data/商品信息表.xlsx') print('商品信息表的原始形状为: ', goods_info.shape) sale_detail = pd.merge(data1, goods_info, on='sku_id') print('销售流水记录表和商品信息表主键合并后的形状为: ', sale_detail.shape) ```
Out[32]:	销售流水记录表的原始形状为: (611200, 10) 商品信息表的原始形状为: (6570, 8) 销售流水记录表和商品信息表主键合并后的形状为: (611111, 17)

除了 merge 函数以外，使用 join() 方法也可以实现部分主键合并的功能，但是使用 join() 方法时，两个主键的名字必须相同。其基本使用格式如下。

```
pandas.DataFrame.join(self, other, on=None, how='left', lsuffix='', rsuffix='',
sort=False)
```

join() 方法常用的参数及其说明如表 2-23 所示。

表 2-23　join() 方法常用的参数及其说明

参数名称	说　　明
other	接收 DataFrame、Series 或包含了多个 DataFrame 的 list，表示参与连接的其他 DataFrame。无默认值
on	接收列名或包含列名的 list 或 tuple，表示用于连接的列名。默认为 None
how	接收特定 str。inner 代表内连接；outer 代表外连接；left 和 right 分别代表左连接和右连接。默认为 left
lsuffix	接收 str，表示用于追加到左侧重叠列名的后缀。无默认值
rsuffix	接收 str，表示用于追加到右侧重叠列名的后缀。无默认值
sort	根据连接键对合并后的数据进行排序。默认为 True

使用 join() 方法实现主键合并，如代码 2-25 所示。

代码 2-25　使用 join() 方法实现主键合并

In[33]:	``` sale_detail2 = data1.join(goods_info, on='sku_id', rsuffix='1') print('销售流水记录表和商品信息表join合并后的形状为: ', sale_detail2.shape) ```
Out[33]:	销售流水记录表和商品信息表 join 合并后的形状为: (611200, 18)

3. 重叠合并数据

数据分析和处理过程中偶尔会出现两份数据的内容几乎一致的情况，但是某些特征在其中一个表中是完整的，而在另外一个表中则是缺失的。这时除了将数据一对一比较然后进行填充外，还有一种方法就是重叠合并。重叠合并在其他工具或语言中并不常见，但是 pandas 库的开发者希望 pandas 能够解决几乎所有的数据分析问题，因此提供了 combine_first()方法进行重叠数据合并，其原理如图 2-4 所示。

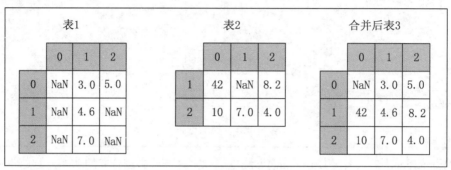

图 2-4　重叠合并的原理

combine_first()方法的基本使用格式如下。

```
pandas.DataFrame.combine_first(other)
```

combine_first()方法参数及其说明如表 2-24 所示。

表 2-24　combine_first()方法参数及其说明

参数名称	说　　明
other	接收 DataFrame，表示参与重叠合并的另一个 DataFrame。无默认值

商品销售流水记录表中并不存在互补的两个字段，故在此处新建两个 DataFrame，用于介绍重叠合并，如代码 2-26 所示。

代码 2-26　重叠合并

```
In[34]:   import numpy as np
          import pandas as pd
          # 生成两个数据框
          df1 = pd.DataFrame({'a': [2., np.nan, 1., np.nan], 'b': [np.nan,
          6., np.nan, 8.],
          'c': range(1, 8, 2)})
          df2 = pd.DataFrame({'a': [6., 2., np.nan, 1., 8.], 'b': [np.nan,
          2., 5., 8., 9.]})
          # 采取不同的方式
          print('\ndf1.combine_first(df2)的结果: \n', df1.combine_first(df2))
          print('\ndf2.combine_first(df1)的结果: \n', df2.combine_first(df1))

Out[34]:  df1.combine_first(df2)的结果:
                 a    b    c
          0  2.0  NaN  1.0
```

```
1  2.0  6.0  3.0
2  1.0  5.0  5.0
3  1.0  8.0  7.0
4  8.0  9.0  NaN

df2.combine_first(df1)的结果：
     a    b    c
0  6.0  NaN  1.0
1  2.0  2.0  3.0
2  1.0  5.0  5.0
3  1.0  8.0  7.0
4  8.0  9.0  NaN
```

小结

本章介绍了常见的数据文件读取方法，并介绍了对不符合可视化要求的数据进行处理的方法。其中，读取数据包括了 CSV、Excel、MySQL 数据库 3 种数据文件形式，处理数据包括了校验数据、清洗数据和合并数据。

实训

实训 1　读取无人售货机数据

1. 训练要点

（1）掌握数据的读取方法。

（2）掌握数据的合并方法。

2. 需求说明

某商场在不同地点安放了 5 台自动售货机，编号分别为 A、B、C、D、E。数据 1 提供了从 2017 年 1 月 1 日至 2017 年 12 月 31 日每台自动售货机的商品销售数据，数据 2 提供了商品的分类。现在要对两个表格中的数据进行合并。

3. 实现步骤

（1）使用 pandas 中的 read_csv 函数分别读取数据。

（2）使用 pandas 中的 merge 函数或 join()方法进行数据合并。

（3）保存合并后的结果。

实训 2　处理无人售货机数据

1. 训练要点

（1）掌握数据的校验方法。

（2）掌握数据的清洗方法。

2. 需求说明

对实训 1 中合并的数据进行数据校验、清洗，如重复值校验与处理、异常值检验与处理、缺失值检验与处理。

3. 实现步骤

（1）查找重复记录并进行删除。

（2）查找异常数据并进行删除。

（3）查找缺失值并进行处理（删除、填充等）。

（4）保存处理后的数据。

第 ③ 章 Matplotlib 数据可视化基础

近年来，Matplotlib 库受到开源社区的推动，在科学计算领域得到了广泛的应用，成为 Python 中应用最广的绘图库之一。Matplotlib 库中应用最广的是 matplotlib.pyplot 模块。matplotlib.pyplot（以下简称 pyplot）模块是一个命令风格函数的集合。Matplotlib 库中的每个绘图函数都有各自的作用，如创建图形、在图形中创建绘图区域、在绘图区域绘制一些线条、使用标签装饰图形等。在 pyplot 模块中，调用保存各种状态的函数，可以跟踪诸如当前图形和绘图区域等的内容，并且绘图函数始终指向当前轴域。本章将以 pyplot 模块为基础，介绍 6 种基础统计图形的绘制方法。

学习目标

（1）掌握 pyplot 模块常用的绘图参数的调节方法。
（2）掌握散点图和折线图的绘制方法。
（3）掌握饼图的绘制方法。
（4）掌握柱形图与条形图的绘制方法。
（5）掌握箱线图的绘制方法。

3.1 基础语法与常用参数

pyplot 模块绘制各类图形时的基础语法相似，掌握基础的语法是绘制图形的前提。每一幅图的绘制都涉及了不少的参数，虽然很多参数有默认值，但是更多的参数在使用时需要手动设置，这样才能够更好地辅助绘制图形。

3.1.1 基础语法与绘图风格

根据 Matplotlib 的 4 层图像结构，pyplot 模块绘制图形时基本都遵循一个流程，使用这个流程可以完成大部分图形的绘制。pyplot 模块的基本绘图流程主要分为 3 个部分，如图 3-1 所示。

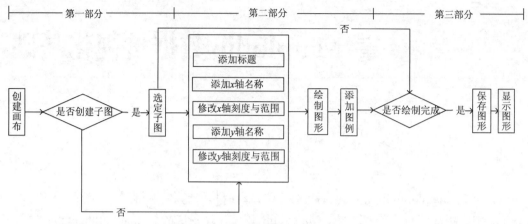

图 3-1 pyplot 模块的基本绘图流程

1. 创建画布与创建子图

第一部分的主要作用是构建出一个空白的画布，并可以选择是否将整个画布划分为多个部分，以便在同一幅图上绘制多个图形。当只需要绘制一幅简单的图时，创建子图这部分内容可以省略。在 pyplot 模块中创建画布与创建并选中子图的常用函数如表 3-1 所示。

表 3-1 创建画布与创建并选中子图的常用函数

函数名称	函数作用
plt.figure	用于创建一个空白画布，可以指定画布的大小、像素
figure.add_subplot	用于创建并选中子图，可以指定子图的行数、列数，并选中图片编号

2. 添加画布内容

第二部分是绘图的主体部分。其中，添加标题、添加坐标轴名称、绘制图形等步骤是并列的，没有先后顺序。读者可以先绘制图形，也可以先添加各类标签。而图例只有在绘制图形之后才可进行添加。在 pyplot 模块中添加各类标签和图例的常用函数如表 3-2 所示。

表 3-2 添加各类标签和图例的常用函数

函数名称	函数作用
plt.title	用于在当前图形中添加标题，可以指定标题的名称、位置、颜色、字体大小等参数
plt.xlabel	用于在当前图形中添加 x 轴名称，可以指定位置、颜色、字体大小等参数
plt.ylabel	用于在当前图形中添加 y 轴名称，可以指定位置、颜色、字体大小等参数
plt.xlim	用于指定当前图形中 x 轴的范围，只能确定一个数值区间，而无法使用字符串标识
plt.ylim	用于指定当前图形中 y 轴的范围，只能确定一个数值区间，而无法使用字符串标识
plt.xticks	用于指定 x 轴刻度的数量与取值
plt.yticks	用于指定 y 轴刻度的数量与取值
plt.legend	用于指定当前图形的图例属性，可以指定图例的大小、位置、标签等

3. 保存与显示图形

第三部分主要是保存和显示图形，这部分内容的常用函数只有两个，如表 3-3 所示。

表 3-3　保存与显示的常用函数

函数名称	函数作用
plt.savefig	用于保存绘制的图片，可以指定图片的分辨率、边缘的颜色等参数
plt.show	用于在本机显示图形

综合整体流程，绘制函数"$y=x$"与"$y=x^2$"的图形，如代码 3-1 所示。最简单的绘图可以省略流程的第一部分，直接在默认的画布上进行图形绘制。

代码 3-1　pyplot 基础绘图语法

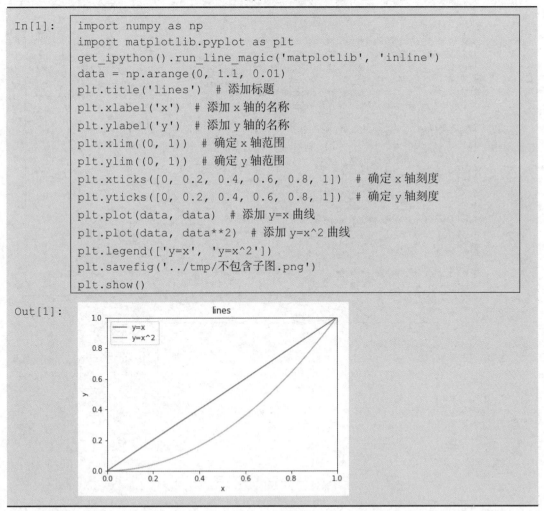

```
In[1]:    import numpy as np
          import matplotlib.pyplot as plt
          get_ipython().run_line_magic('matplotlib', 'inline')
          data = np.arange(0, 1.1, 0.01)
          plt.title('lines')  # 添加标题
          plt.xlabel('x')  # 添加 x 轴的名称
          plt.ylabel('y')  # 添加 y 轴的名称
          plt.xlim((0, 1))  # 确定 x 轴范围
          plt.ylim((0, 1))  # 确定 y 轴范围
          plt.xticks([0, 0.2, 0.4, 0.6, 0.8, 1])  # 确定 x 轴刻度
          plt.yticks([0, 0.2, 0.4, 0.6, 0.8, 1])  # 确定 y 轴刻度
          plt.plot(data, data)  # 添加 y=x 曲线
          plt.plot(data, data**2)  # 添加 y=x^2 曲线
          plt.legend(['y=x', 'y=x^2'])
          plt.savefig('../tmp/不包含子图.png')
          plt.show()
```

子图的绘制本质上是多个基础图形绘制过程的叠加，区别是分别在同一个画布上的不同子图上绘制图形，如代码 3-2 所示。

代码 3-2　绘制包含子图图形的基础语法

```
In[2]:    rad = np.arange(0, np.pi*2, 0.01)
          # 第一幅子图
          p1 = plt.figure(figsize=(8, 10), dpi=80)  # 确定画布大小
          ax1 = p1.add_subplot(2, 1, 1)  # 创建一个 2 行 1 列的子图，并开始绘制第一幅
          plt.title('lines')  # 添加标题
          plt.xlabel('x1')  # 添加 x 轴的名称
          plt.ylabel('y1')  # 添加 y 轴的名称
          plt.xlim((0, 1))  # 确定 x 轴范围
          plt.ylim((0, 1))  # 确定 y 轴范围
          plt.xticks([0, 0.2, 0.4, 0.6, 0.8, 1])  # 确定 x 轴刻度
          plt.yticks([0, .2, 0.4, 0.6, 0.8, 1])  # 确定 y 轴刻度
          plt.plot(rad, rad)  # 添加 y=x^2 曲线
          plt.plot(rad, rad**2)  # 添加 y=x^4 曲线
          plt.legend(['y=x', 'y=x^2'])
          # 第二幅子图
          ax2 = p1.add_subplot(2, 1, 2)  # 创开始绘制第二幅
          plt.title('sin/cos')  # 添加标题
          plt.xlabel('x2')  # 添加 x 轴的名称
          plt.ylabel('y2')  # 添加 y 轴的名称
          plt.xlim((0, np.pi*2))  # 确定 x 轴范围
          plt.ylim((-1, 1))  # 确定 y 轴范围
          plt.xticks([0, np.pi/2, np.pi, np.pi*1.5, np.pi*2])  # 确定 x 轴刻度
          plt.yticks([-1, -0.5, 0, 0.5, 1])  # 确定 y 轴刻度
          plt.plot(rad, np.sin(rad))  # 添加 sin 曲线
          plt.plot(rad, np.cos(rad))  # 添加 cos 曲线
          plt.legend(['sin', 'cos'])
          plt.savefig('../tmp/包含子图.png')
          plt.show()
```

Out[2]:

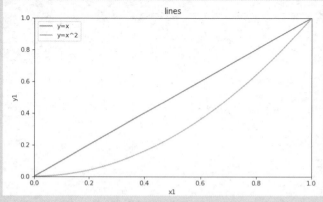

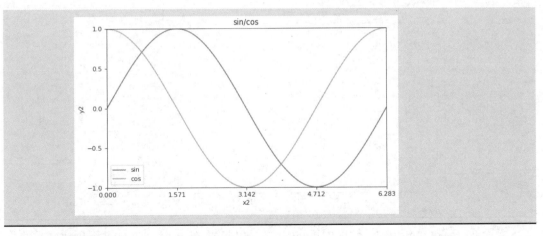

4. 绘图风格

在 Matplotlib 库中，pyplot 模块的一个子模块 style 里面定义了很多预设风格，以便于进行风格转换。每一个预设的风格都存储在一个以.mplstyle 为扩展名的 style 文件中。读者可以在 stylelib 文件夹中查看。

读者通过 print(plt.style.available)命令可以查看所有预设风格的名称，使用 use 函数即可直接设置预设风格，如代码 3-3 所示。

代码 3-3　查看与使用预设风格

```
In[3]:  print('Matplotlib 中预设风格为: \n', plt.style.available)
```

```
Out[3]:  Matplotlib 中预设风格为:
   ['Solarize_Light2', '_classic_test_patch', 'bmh', 'classic', 'dark_
   background', 'fast', 'fivethirtyeight', 'ggplot', 'grayscale', 'seaborn',
   'seaborn-bright', 'seaborn-colorblind', 'seaborn-dark', 'seaborn-
   dark-palette', 'seaborn-darkgrid', 'seaborn-deep', 'seaborn-muted',
   'seaborn-notebook', 'seaborn-paper', 'seaborn-pastel', 'seaborn-poster',
   'seaborn-talk', 'seaborn-ticks', 'seaborn-white', 'seaborn-whitegrid',
   'tableau-colorblind10']
```

```
In[4]:  x = np.linspace(0, 1, 1000)
   plt.title('y=x & y=x^2')  # 添加标题
   plt.style.use('bmh')  # 使用 bmh 预设风格
   plt.plot(x, x)
   plt.plot(x, x**2)
   plt.legend(['y=x', 'y=x^2'])  # 添加图例
   plt.savefig('../tmp/bmh 风格.png')  # 保存图片
   plt.show()
```

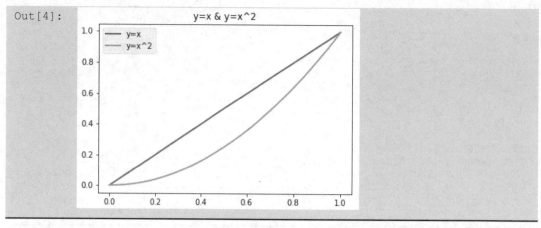

Out[4]:

读者可以新建 mplstyle 文件以用于自定义绘图风格。在 stylelib 文件夹下创建好文件并按照规范配置属性，同样能够使用 use 函数调用该自定义风格。

3.1.2　动态 rc 参数

pyplot 模块使用 rc 配置文件自定义图形的各种默认属性，又称为 rc 配置或 rc 参数。通过修改 rc 参数可以修改自定义图形默认的属性，包括窗体大小、每英寸的点数、线条宽度、颜色、样式、坐标轴、坐标与网络属性、文本、字体等。

在载入 Matplotlib 库时会调用 rc_params 函数，并将得到的配置字典保存到 rcParams 变量中。可通过修改字典或调用 matplotlib.rc 函数的方式修改 rc 参数。修改默认 rc 参数后，图形对应属性将会发生改变。

1．线条常用的 rc 参数

线条常用的 rc 参数名称及其说明如表 3-4 所示。

表 3-4　线条常用的 rc 参数名称及其说明

rc 参数名称	说　　明
lines.linewidth	接收 0~10 的数值，表示线条宽度。默认为 1.5
lines.linestyle	接收 "-" "--" "-." ":" 4 种，表示线条样式。默认为 "-"
lines.marker	接收 "o" "D" "h" "." "," "S" 等 20 种，表示线条上点的形状。无默认值
lines.markersize	接收 0~10 的数值，表示点的大小。默认为 1

lines.linestyle 参数的 4 种取值及其意义如表 3-5 所示。

表 3-5　lines.linestyle 参数的 4 种取值及其意义

lines.linestyle 取值	意义	lines.linestyle 取值	意义
-	实线	-.	点线
--	长虚线	:	短虚线

lines.marker 参数的 20 种取值及其意义如表 3-6 所示。

表 3-6　lines.marker 参数的 20 种取值及其意义

lines.marker 取值	意义	lines.marker 取值	意义	lines.marker 取值	意义
o	圆圈	,	像素	v	一角朝下的三角形
D	菱形	+	加号	<	一角朝左的三角形
h	六边形 1	None	无	>	一角朝右的三角形
H	六边形 2	.	点	^	一角朝上的三角形
-	水平线	s	正方形	\	竖线
8	八边形	*	星号	x	X
p	五边形	d	小菱形		

管理线条属性的 rc 参数 lines 几乎可以控制线条的每一个细节，线条常用的 rc 参数修改前后对比示例如代码 3-4 所示。

代码 3-4　调节线条的 rc 参数

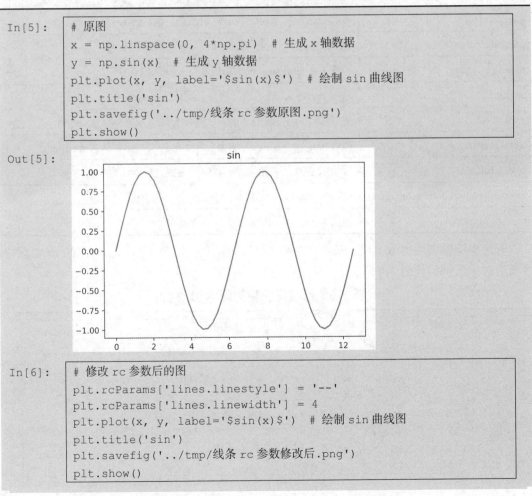

```
In[5]:      # 原图
            x = np.linspace(0, 4*np.pi)   # 生成 x 轴数据
            y = np.sin(x)   # 生成 y 轴数据
            plt.plot(x, y, label='$sin(x)$')   # 绘制 sin 曲线图
            plt.title('sin')
            plt.savefig('../tmp/线条 rc 参数原图.png')
            plt.show()
```

Out[5]:

```
In[6]:      # 修改 rc 参数后的图
            plt.rcParams['lines.linestyle'] = '--'
            plt.rcParams['lines.linewidth'] = 4
            plt.plot(x, y, label='$sin(x)$')   # 绘制 sin 曲线图
            plt.title('sin')
            plt.savefig('../tmp/线条 rc 参数修改后.png')
            plt.show()
```

Out[6]:

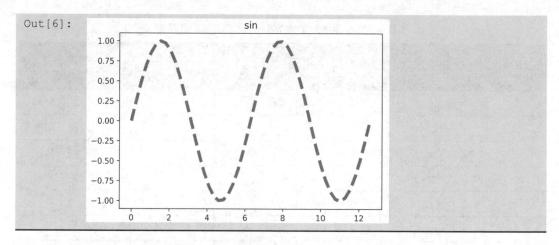

2. 坐标轴常用的 rc 参数

坐标轴常用的 rc 参数名称及其说明如表 3-7 所示。

表 3-7   坐标轴常用的 rc 参数名称及其说明

rc 参数名称	说　　明
axes.facecolor	接收颜色简写字符，表示背景颜色。默认为 w
axes.edgecolor	接收颜色简写字符，表示轴线颜色。默认为 k
axes.linewidth	接收 0~1 的 float，表示轴线宽度。默认为 0.8
axes.grid	接收 boolean，表示添加网格。默认为 False
axes.titlesize	接收 small、medium、large，表示标题大小。默认为 large
axes.labelsize	接收 small、medium、large，表示标签大小。默认为 medium
axes.labelcolor	接收颜色简写字符，表示刻度标签颜色。默认为 black
axes.spines.{left,bottom,top,tight}	接收 boolean，表示添加坐标轴。默认为 True
axes.{x,y}margin	接收 float，表示轴余留。默认为 0.05

管理坐标轴属性的 rc 参数 axes 可以控制坐标轴的任意细节。坐标轴常用的 rc 参数修改前后对比示例如代码 3-5 所示。

代码 3-5   修改坐标轴常用的 rc 参数

```
In[7]:    # 原图
          import numpy as np
          import matplotlib.pyplot as plt
          x = np.linspace(0, 4*np.pi)  # 生成 x 轴数据
          y = np.sin(x)  # 生成 y 轴数据
          plt.plot(x, y, label='$sin(x)$')  # 绘制三角函数
          plt.title('sin')
          plt.savefig('../tmp/坐标轴 rc 参数原图.png')
          plt.show()
```

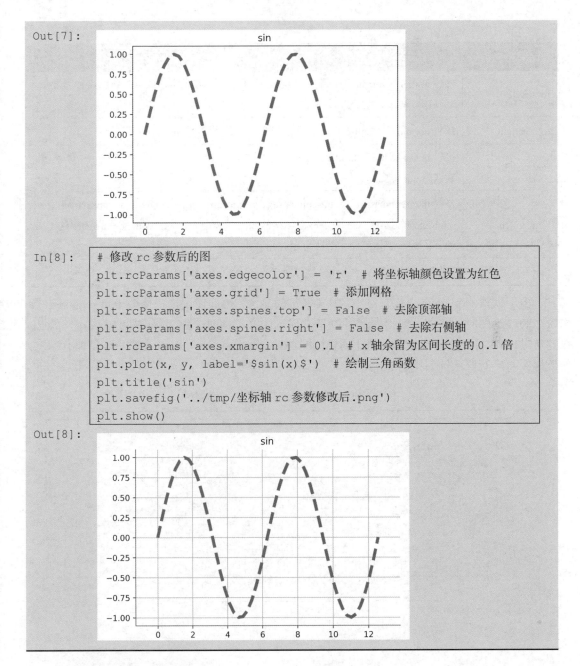

```
Out[7]:
```

```
In[8]:    # 修改 rc 参数后的图
          plt.rcParams['axes.edgecolor'] = 'r'  # 将坐标轴颜色设置为红色
          plt.rcParams['axes.grid'] = True  # 添加网格
          plt.rcParams['axes.spines.top'] = False  # 去除顶部轴
          plt.rcParams['axes.spines.right'] = False  # 去除右侧轴
          plt.rcParams['axes.xmargin'] = 0.1  # x 轴余留为区间长度的 0.1 倍
          plt.plot(x, y, label='$sin(x)$')  # 绘制三角函数
          plt.title('sin')
          plt.savefig('../tmp/坐标轴 rc 参数修改后.png')
          plt.show()
```

```
Out[8]:
```

3. 字体常用的 rc 参数

字体常用的 rc 参数名称及其说明如表 3-8 所示。

表 3-8　字体常用的 rc 参数名称及其说明

rc 参数名称	说　　明
font.family	接收 serif、sans-serif、cursive、fantasy、monospace 这 5 种 str，表示字体族，每一个族对应多种字体。默认为 sans-serif

续表

rc 参数名称	说　　明
font.style	接收 normal（roman）、italic、oblique 这 3 种 str，表示字体风格，分别代表正常、罗马体及斜体。默认为 normal
font.variant	接收 normal 或 small-caps，表示字体变化。默认为 normal
font.weight	接收 normal、bold、bolder、lighter 这 4 种 str 及 100、200、…、900，表示字体重量。默认为 normal
font.stretch	接收 ultra-condensed、extra-condensed、condensed、semi-condensed、normal、semi-expanded、expanded、extra-expanded、ultra-expanded、wider、narrower 这 11 种 str，表示字体延伸。默认为 normal
font.size	接收 float，表示字体大小。默认为 10

由于默认的 pyplot 字体并不支持中文字符的显示，因此需要通过修改 font.sans-serif 参数来修改绘图时的字体，使得图形可以正常显示中文。同时，由于修改字体后，坐标轴中的负号"–"将无法正常显示，因此需要同时修改 axes.unicode_minus 参数。字体常用 rc 参数修改前后对比示例如代码 3-6 所示。

代码 3-6　调节字体常用的 rc 参数

In[9]:
```python
# 原图
import numpy as np
import matplotlib.pyplot as plt
x = np.linspace(0, 4*np.pi)  # 生成 x 轴数据
y = np.sin(x)  # 生成 y 轴数据
plt.plot(x, y, label='$sin(x)$')  # 绘制三角函数
plt.title('sin 曲线')
plt.savefig('../tmp/文字 rc 参数原图.png')
plt.show()
```

Out[9]:

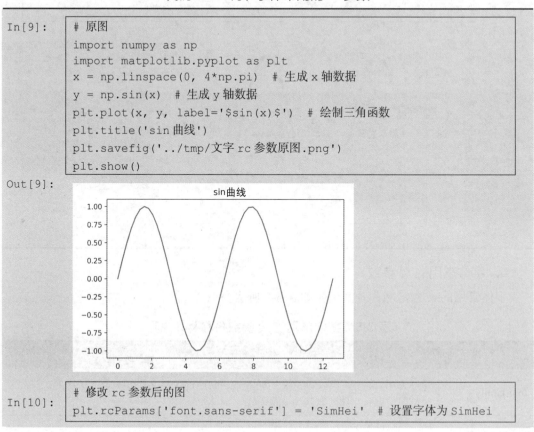

In[10]:
```python
# 修改 rc 参数后的图
plt.rcParams['font.sans-serif'] = 'SimHei'  # 设置字体为 SimHei
```

```
plt.rcParams['axes.unicode_minus'] = False  # 解决负号 "-" 显示异常
问题
plt.plot(x, y, label='$sin(x)$')  # 绘制三角函数
plt.title('sin 曲线')
plt.savefig('../tmp/文字 rc 参数修改后.png')
plt.show()
```

Out[10]:

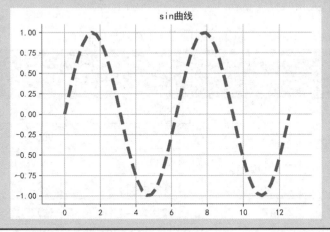

　　除字体与符号编码（即特殊符号的显示，如 "–"）参数外，如果希望 rc 参数恢复到默认的配置，则可以调用 matplotlib.rcdefaults 函数。

3.2　绘图分析特征间的关系

　　散点图和折线图是数据分析中最常用的两种图形。这两种图形都能够分析不同数值型特征间的关系。其中，散点图主要用于分析特征间的关系，折线图则用于分析自变量特征和因变量特征之间的趋势关系。

3.2.1　绘制散点图

　　在 pyplot 中可以使用 scatter 函数绘制散点图，其使用格式如下。

```
matplotlib.pyplot.scatter(x, y, s=None, c=None, marker=None, cmap=None,
norm=None, vmin=None, vmax=None, alpha=None, linewidths=None, verts=None,
edgecolors=None, hold=None, data=None, **kwargs)
```

　　scatter 函数常用参数及其说明如表 3-9 所示。

表 3-9　scatter 函数常用参数及其说明

参数名称	说　　明
x、y	接收 array，表示 x 轴和 y 轴对应的数据。无默认值
s	接收数值或一维的 array，表示指定点的大小。若传入一维 array，则表示每个点的大小。默认为 None
c	接收颜色或一维的 array，表示指定点的颜色。若传入一维 array，则表示每个点的颜色。默认为 None

参数名称	说　　明
marker	接收特定 str，表示绘制的点的类型。默认为 None
alpha	接收 0~1 的 float，表示点的透明度。默认为 None

2000—2019 年我国总人口数据（部分）如表 3-10 所示。

表 3-10　2000—2019 年我国总人口数据（部分）

年份	年末总人口（万人）	0~14 岁人口（万人）	15~64 岁人口（万人）	65 岁及以上人口（万人）
2000	126743	29012	88910	8821
2001	127627	28716	89849	9062
2002	128453	28774	90302	9377
2003	129227	28559	90976	9692
2004	129988	27947	92184	9857
2005	130756	26504	94197	10055
2006	131448	25961	95068	10419
2007	132129	25660	95833	10636
2008	132802	25166	96680	10956

基于表 3-10 所示的 2000—2019 年年末总人口数据绘制散点图，如代码 3-7 所示。

代码 3-7　绘制 2000—2019 年年末总人口散点图

```
In[11]:   import numpy as np
          import pandas as pd
          import matplotlib.pyplot as plt
          plt.rcParams['font.sans-serif'] = 'SimHei'
          # 设置中文字体
          plt.rcParams['axes.unicode_minus'] = False
          data = pd.read_csv('../data/people.csv')
          name = data.columns  # 提取其中的 columns 字段，作为数据的标签
          values = data.values  # 提取其中的 values 字段，作为数据的存在位置
          plt.figure(figsize=(9, 7))  # 设置画布
          plt.scatter(values[:, 0], values[:, 1], marker='o')  # 绘制散点图
          plt.xlabel('年份')  # 添加 x 轴标签
          plt.ylabel('年末总人口（万人）')  # 添加 y 轴标签
          plt.xticks(range(0, 20), values[range(0, 20), 0], rotation=45)
          plt.title('2000—2019 年年末总人口散点图')  # 添加图表标题
          plt.savefig('../tmp/2000—2019 年年末总人口散点图.png')
          plt.show()
```

Out[11]:

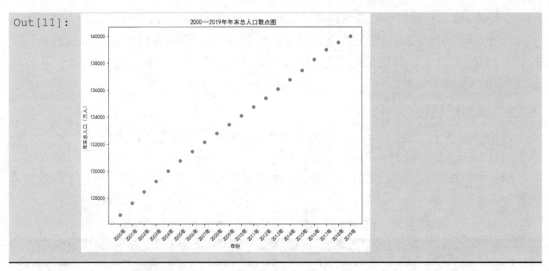

由代码 3-7 的运行结果可知我国人口一直呈增长趋势。

使用不同颜色、形状的点，绘制 2000—2019 年各年龄段年末总人口的散点图，如代码 3-8 所示。

代码 3-8　绘制 2000—2019 年各年龄段年末总人口散点图

```
In[12]:  plt.figure(figsize=(9, 7))  # 设置画布
         plt.scatter(values[:, 0], values[:, 2], marker='o', c='red')  # 绘制散点图
         plt.scatter(values[:, 0], values[:, 3], marker='D', c='blue')  # 绘制散点图
         plt.scatter(values[:, 0], values[:, 4], marker='v', c='black')  # 绘制散点图
         plt.xlabel('年份')  # 添加 x 轴标签
         plt.ylabel('年末总人口（万人）')  # 添加 y 轴标签
         plt.xticks(range(0, 20), values[range(0, 20), 0], rotation=45)
         plt.title('2000—2019 年各年龄段年末总人口散点图')  # 添加图表标题
         plt.legend(['0~14 岁人口', '15~64 岁人口', '65 岁及以上人口'])  # 添加图例
         plt.savefig('../tmp/2000—2019 年各年龄段年末总人口散点图.png')
         plt.show()
```

Out[12]:

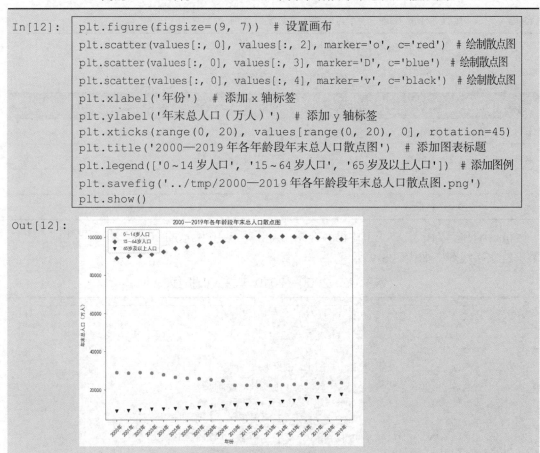

由代码 3-8 运行结果中点的颜色和形状的区别可以看出，0~14 岁年龄段的人口总体有下降趋势，但 2010—2019 年又略有增长；15 ~ 64 岁年龄段的人口总体呈增长趋势，在 2010—2016 年总人口数逐渐趋于稳定；65 岁及以上的人口总体呈增长趋势，并且在 2010—2019 年增长较快。

3.2.2 绘制折线图

在 pyplot 中可以使用 plot 函数绘制折线图，其基本使用格式如下。

```
matplotlib.pyplot.plot(*args, **kwargs)
```

plot 函数在官方文档的语法中只要求填入不定长参数，实际可以填入的主要参数及其说明如表 3-11 所示。

表 3-11 plot 函数实际可以填入的主要参数及其说明

参数名称	说　　明
x、y	接收 array，表示 x 轴和 y 轴对应的数据。无默认值
color	接收特定 str，表示指定线条的颜色。无默认值
linestyle	接收特定 str，表示指定线条的类型。默认为 "-"
marker	接收特定 str，表示绘制的点的类型。无默认值
alpha	接收 0~1 的 float，表示点的透明度。无默认值

color 参数的 8 种常用颜色的简写如表 3-12 所示。

表 3-12 常用颜色简写

颜色简写	代表的颜色	颜色简写	代表的颜色
b	蓝色	m	品红色
g	绿色	y	黄色
r	红色	k	黑色
c	青色	w	白色

linestyle 参数在 3.1.2 小节中已经介绍。基于表 3-10 所示的 2000—2019 年我国总人口数据绘制折线图，如代码 3-9 所示。

代码 3-9 2000—2019 年总人口折线图

```
In[13]:    plt.figure(figsize=(9, 7))  # 设置画布
           plt.plot(values[:, 0], values[:, 1], color='r', linestyle='--')
           # 绘制折线图
           plt.xlabel('年份')  #添加 x 轴标签
           plt.ylabel('总人口（万人）')  # 添加 y 轴标签
           plt.xticks(range(0, 20), values[range(0, 20), 0], rotation=45)
           plt.title('2000—2019 年总人口折线图')  # 添加图表标题
           plt.savefig('../tmp/2000—2019 年总人口折线图.png')
           plt.show()
```

Out[13]:

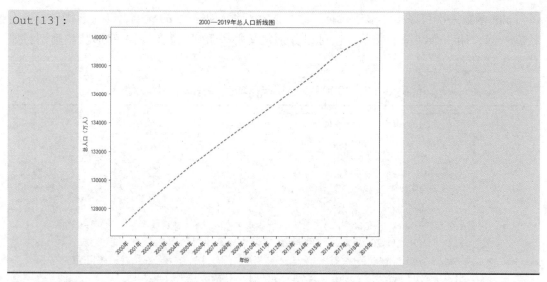

由代码 3-9 的运行结果可以发现，2000—2019 年我国总人口一直呈增长趋势。使用 marker 参数可以绘制点线图，使图形更加丰富，如代码 3-10 所示。

代码 3-10　2000—2019 年总人口点线图

In[14]:
```
plt.figure(figsize=(9, 7))  # 设置画布
plt.plot(values[:, 0], values[:, 1], color='r', linestyle='--',
marker='o')  # 绘制点线图
plt.xlabel('年份')  # 添加 x 轴标签
plt.ylabel('总人口（万人）')  # 添加 y 轴标签
plt.xticks(range(0, 20), values[range(0, 20), 0], rotation=45)
plt.title('2000—2019 年总人口点线图')  # 添加图表标题
plt.savefig('../tmp/2000—2019 年总人口点线图.png')
plt.show()
```

Out[14]:

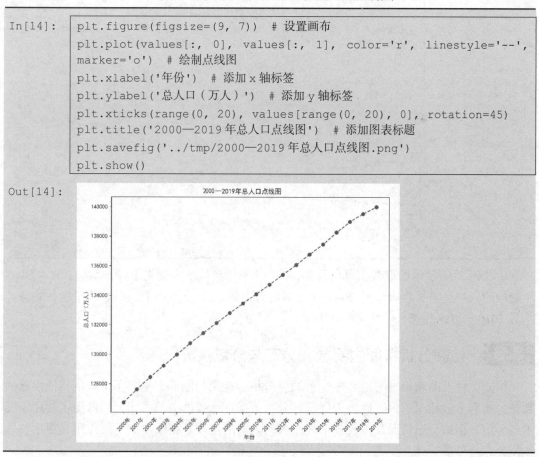

plot 函数一次可以接收多组数据，添加多条折线。将折线的颜色、点的形状和类型连接在一起，用一个字符串表示，还可以分别定义每条折线的颜色、点的形状和类型，如代码 3-11 所示。

代码 3-11　2000—2019 年各年龄段总人口点线图

```
In[15]:     plt.figure(figsize=(8, 7))  # 设置画布
            plt.plot(values[:, 0], values[:, 2], 'bs-',
                  values[:, 0], values[:, 3], 'rD:',
                  values[:, 0], values[:, 4], 'gH--')  # 绘制点线图
            plt.xlabel('年份')  # 添加 x 轴标签
            plt.ylabel('年末总人口（万人）')  # 添加 y 轴标签
            plt.xticks(range(0, 20), values[range(0, 20), 0], rotation=45)
            plt.title('2000—2019 年各年龄段总人口点线图')  # 添加图表标题
            plt.legend(['0～14 岁人口', '15～64 岁人口', '65 岁及以上人口'])
            plt.savefig('../tmp/2000—2019 年各年龄段总人口点线图.png')
            plt.show()
```

Out[15]:

由代码 3-11 所示的点线图可以看出，0～14 岁年龄段的人口先下降再增长；15～64 岁年龄段的人口呈增长趋势，但 2015 年之后略有下降；65 岁及以上人口总体呈增长趋势，并且 2010—2019 年增长较快。

3.3　绘图分析特征内部数据分布与分散状况

饼图、柱形图和箱线图是另外 3 种数据分析中常用的图形，主要用于分析特征内部的数据分布和分散状况。饼图倾向于展示各分组数据在总数据中的占比。柱形图主要用于展示各分组数据的分布情况，以及各个分组数据之间的比较。箱线图的主要作用是展示整体数据分布与分散情况。

3.3.1　绘制饼图

在 pyplot 中可以使用 pie 函数绘制饼图，其基本使用格式如下。

```
matplotlib.pyplot.pie(x, explode=None, labels=None, colors=None, autopct=None,
pctdistance=0.6, shadow=False, labeldistance=1.1, startangle=None, radius=None,
counterclock=True, wedgeprops=None, textprops=None, center=(0, 0), frame=False,
hold=None, data=None)
```

pie 函数常用参数及其说明如表 3-13 所示。

表 3-13　pie 函数常用参数及其说明

参数名称	说　明
x	接收 array，表示用于绘制饼图的数据。无默认值
explode	接收 array，表示指定每一项距离饼图圆心 n 个半径。默认为 None
labels	接收 array，表示指定每一项的名称。默认为 None
colors	接收特定 str 或包含颜色字符串的 array，表示饼图颜色。默认为 None
autopct	接收特定 str，表示指定数值的显示方式。默认为 None
pctdistance	接收 float，表示指定每一项的比例和距离饼图圆心 n 个半径。默认为 0.6
labeldistance	接收 float，表示指定每一项的名称和距离饼图圆心 n 个半径。默认为 1.1
radius	接收 float，表示饼图的半径。默认为 None

根据 2019 年各年龄段人口数据，使用 pie 函数绘制 2019 年各年龄段年末总人口饼图，如代码 3-12 所示。

代码 3-12　2019 年各年龄段年末总人口饼图

```
In[16]:  import numpy as np
         import matplotlib.pyplot as plt
         import pandas as pd
         plt.rcParams['font.sans-serif'] = 'SimHei'  # 设置中文字体
         plt.rcParams['axes.unicode_minus'] = False
         data = pd.read_csv('../data/people.csv')
         name = data.columns  # 提取其中的 columns 字段，作为数据的标签
         values = data.values  # 提取其中的 values 字段，作为数据的存在位置
         label = ['0~14 岁人口', '15~64 岁人口', '65 岁及以上人口']  # 添加刻度标签
         plt.figure(figsize=(6, 6))  # 将画布设定为正方形，则绘制的饼图是正圆
         explode = [0.01, 0.01, 0.01]  # 设定各项距离饼图圆心 n 个半径
         plt.pie(values[-1, 2:5], explode=explode, labels=label, autopct=
         '%1.1f%%')  # 绘制饼图
         plt.title('2019 年各年龄段年末总人口饼图')  # 添加图表标题
         plt.savefig('../tmp/2019 年各年龄段年末总人口饼图.png')
         plt.show()
```

Out[16]:

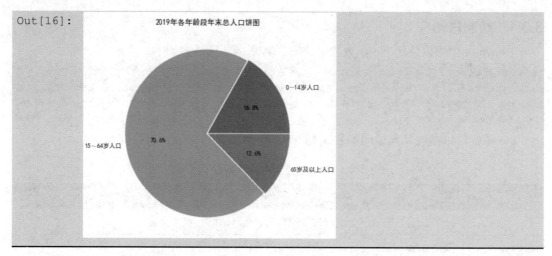

由代码 3-12 的运行结果可知各年龄段人口在总人口中的占比：0～14 岁人口的占比为 16.8%；15～64 岁年龄段人口的占比为 70.6%，说明现阶段我国人口的主要年龄段为 15～64 岁；65 岁及以上人口的占比为 12.6%。国际上通常的看法是：当一个国家或地区 60 岁以上老年人口占人口总数的 10%，或 65 岁以上老年人口占人口总数的 7%，即意味着这个国家或地区处于老龄化社会，据此可以得出我国已处于老龄化社会。

3.3.2　绘制柱形图

在 pyplot 中可以使用 bar 函数绘制柱形图，其基本使用格式如下。

```
matplotlib.pyplot.bar(x,height,width=0.8,bottom=None,*,align='center',data=
None, **kwargs)
```

bar 函数的常用参数及其说明如表 3-14 所示。

表 3-14　bar 函数的常用参数及其说明

参数名称	说　　明
x	接收 array，表示 x 轴的位置序列。无默认值
height	接收 array，表示 x 轴所代表数据的值（长方形高度）。无默认值
width	接收 0~1 的 float，表示指定直方图宽度。默认为 0.8

基于表 3-10 所示的 2000—2019 年的人口数据，绘制 2019 年各年龄段年末总人口柱形图，如代码 3-13 所示。

代码 3-13　2019 年各年龄段年末总人口柱形图

```
In[17]:   label = ['0～14 岁人口', '15～64 岁人口', '65 岁及以上人口']  # 添加刻
          度标签
          plt.figure(figsize=(9, 7), dpi=60)
          plt.bar(range(3), values[-1, 2: 5], width=0.4)
          plt.xlabel('年龄段')  # 添加 x 轴标签
          plt.ylabel('年末总人口(万人)')  # 添加 y 轴标签
          plt.xticks(range(3), label)
```

```
plt.title('2019 年各年龄段年末总人口柱形图')  # 添加图表标题
plt.savefig('../tmp/2019 年各年龄段年末总人口柱形图.png')
plt.show()
```

Out[17]:

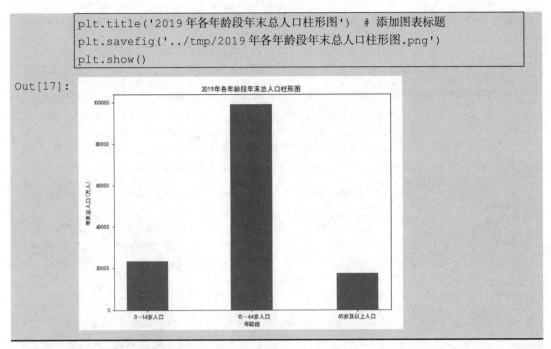

由代码 3-13 的运行结果可知我国各年龄段人口数分配：15～64 岁年龄段的人口数最多，0～14 岁年龄段的人口数次之，65 岁及以上年龄段的人口数最少。

3.3.3　绘制箱线图

在 pyplot 中可以使用 boxplot 函数绘制箱线图，其基本使用格式如下。

```
matplotlib.pyplot.boxplot(x, notch=None, sym=None, vert=None, whis=None,
positions=None, widths=None, patch_artist=None, bootstrap=None, usermedians=
None, conf_intervals=None, meanline=None, showmeans=None, showcaps=None, showbox=
None, showfliers=None, boxprops=None, labels=None, flierprops=None, medianprops=
None, meanprops=None, capprops=None, whiskerprops=None, manage_xticks=True,
autorange=False, zorder=None, hold=None, data=None)
```

boxplot 函数常用参数及其说明如表 3-15 所示。

表 3-15　boxplot 函数常用参数及其说明

参数名称	说　　明
x	接收 array，表示用于绘制箱线图的数据。无默认值
notch	接收 boolean，表示中间箱体是否有缺口。默认为 None
sym	接收特定 str，表示指定异常点形状。默认为 None
vert	接收 boolean，表示图形是横向的还是纵向的。默认为 None
positions	接收 array，表示图形位置。默认为 None
widths	接收 scalar 或 array，表示每个箱体的宽度。默认为 None
labels	接收 array，表示指定每一个箱线图的标签。默认为 None
meanline	接收 boolean，表示是否显示均值线。默认为 None

基于表 3-10 所示的 2020—2019 年各年龄段总人口数据绘制箱线图，如代码 3-14 所示。

代码 3-14　2000—2019 年各年龄段总人口箱线图

```
In[18]:    label = ['0~14岁人口', '15~64岁人口', '65岁及以上人口']  # 添加刻度标签
           gdp = (list(values[:, 2]), list(values[:, 3]), list(values[:, 4]))
           plt.figure(figsize=(7, 6))
           plt.boxplot(gdp,notch=True, labels=label, meanline=True)
           plt.title('2000—2019年各年龄段总人口箱线图')
           plt.savefig('../tmp/2000—2019年各年龄段总人口箱线图.png')
           plt.show()
```

Out[18]:

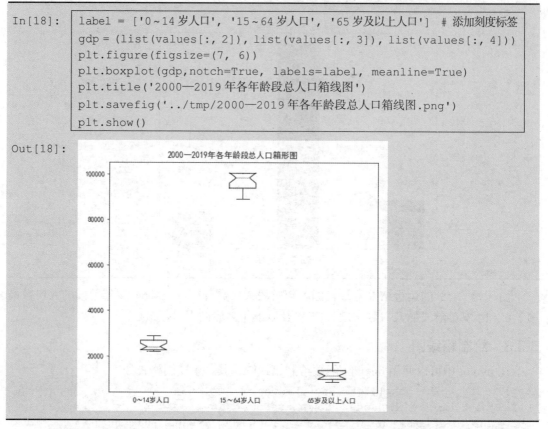

由代码 3-14 的运行结果可知：在 2000—2019 年各年龄段总人口数据中没有异常值，依旧呈现出 15~64 年龄段人口明显较多，65 岁及以上年龄段人口较少；而且根据代码 3-11 的运行结果可以看出，65 岁及以上人口增速较快，导致 65 岁及以上年龄段人口数据下半部分相对密集而上半部分相对分散。

小结

本章介绍了 Matplotlib 库的基础语法与常用参数，并以 2000—2019 年各年龄段人口数据为例，介绍了分析特征间关系的散点图的绘制方法，分析特征间趋势关系的折线图的绘制方法，分析特征内部数据分布情况的饼图、条形图和柱形图的绘制方法，分析特征内部数据分散情况的箱线图的绘制方法。

实训

实训 1　分析各产业就业人员数据特征间的关系

1. 训练要点

（1）掌握散点图的绘制方法。

（2）掌握折线图的绘制方法。

2．需求说明

人口数据总共拥有 4 个特征，分别为就业人员、第一产业就业人员、第二产业就业人员、第三产业就业人员。根据 3 个产业就业人员的数量绘制散点图和折线图。部分数据如表 3-16 所示。根据各个特征随着时间推移发生的变化情况，可以分析出未来 3 个产业就业人员的变化趋势。

表 3-16　各产业就业人员的数量（部分）

年份	就业人员（万人）	第一产业就业人员（万人）	第二产业就业人员（万人）	第三产业就业人员（万人）
2000	72085	36042.5	16219.1	19823.4
2001	72797	36398.5	16233.7	20164.8
2002	73280	36640	15681.9	20958.1
2003	73736	36204.4	15927	21604.6
2004	74264	34829.8	16709.4	22724.8
2005	74647	33441.9	17766	23439.2
2006	74978	31940.6	18894.5	24142.9
2007	75321	30731	20186	24404
2008	75564	29923.3	20553.4	25087.2

3．实现步骤

（1）使用 pandas 库读取 3 个产业就业人员数据。

（2）绘制 2000—2019 年各产业就业人员散点图。

（3）绘制 2000—2019 年各产业就业人员折线图。

实训 2　分析各产业就业人员数据特征的分布与分散状况

1．训练要点

（1）掌握饼图的绘制方法。

（2）掌握柱形图的绘制方法。

（3）掌握箱线图的绘制方法。

2．需求说明

基于实训 1 的数据，绘制 3 个产业就业人员数据的饼图、柱形图和箱线图。通过柱形图可以对比分析各产业就业人员数量，通过饼图可以发现各产业就业人员的变化，绘制每个特征的箱线图则可以发现不同特征增长或减少的速率变化。

3. 实现步骤

（1）使用 pandas 库读取 3 个产业就业人员数据。

（2）绘制 2019 年各产业就业人员饼图。

（3）绘制 2019 年各产业就业人员柱形图。

（4）绘制 2000—2019 年各产业就业人员年末总人数箱线图。

第 4 章 用 seaborn 绘制进阶图形

seaborn 是基于 Matplotlib 的 Python 可视化库，它提供了一种高度交互式界面，便于绘制各种有特色的统计图表。seaborn 库是在 Matplotlib 库的基础上进行了更高级的 API 封装，能同时兼容 NumPy、SciPy 与 statsmodels 等库，从而使作图更加容易。本章将介绍 seaborn 库的绘图基础，以及利用 seaborn 库绘制关系图、分类图和回归图的方法。

学习目标

（1）了解 seaborn 库中的基础图形。
（2）熟悉 seaborn 库的绘图风格、调色板配置。
（3）掌握关系图的绘制方法。
（4）掌握分类图的绘制方法。
（5）掌握回归图的绘制方法。

4.1 熟悉 seaborn 绘图基础

seaborn 库绘制的图形在色彩、视觉效果上会令人耳目一新，通常将它视为 Matplotlib 库的补充，而不是替代物。seaborn 库能绘制的常用图形有散点图、折线图、热力图、条形图、箱线图、网格图等。在绘制这些图形之前，读者需要掌握 seaborn 库的绘图基础，包括基础图形、绘图风格和调色板等。

4.1.1 了解 seaborn 中的基础图形

seaborn 库中包含了大量常用的基础图形。以某企业人员离职率数据为例，分别使用 Matplotlib 库与 seaborn 库绘制不同薪资分布的散点图，如代码 4-1 所示。

代码 4-1　不同薪资分布的散点图

```
In[1]:    # 导库
          from matplotlib import pyplot as plt
          import pandas as pd
          import seaborn as sns
          import numpy as np

          # 设置中文字体
```

```
plt.rcParams['font.sans-serif'] = ['SimHei']
sns.set_style({'font.sans-serif':['simhei', 'Arial']})

# 加载数据
hr = pd.read_csv('../data/hrsep.csv', encoding='gbk')

data = hr.head(100)
# 使用 Matplotlib 库绘图
color_map = dict(zip(data['薪资'].unique(), ['b', 'y', 'r']))
for species, group in data.groupby('薪资'):
    plt.scatter(group['每月平均工作小时数（小时）'],
                group['满意度'],
                color=color_map[species], alpha=0.4,
                edgecolors=None, label=species)
plt.legend(frameon=True, title='薪资')
plt.xlabel('平均每个月工作时长（小时）')
plt.ylabel('满意度水平')
plt.title('满意度水平与平均每个月工作小时')
plt.show()
```

Out[1]:

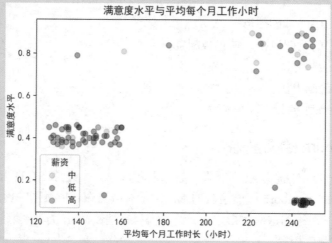

In[2]:

```
# 使用 seaborn 库绘图
sns.lmplot('每月平均工作小时数（小时）', '满意度', data, hue='薪资',
fit_reg=False, height=4)
plt.xlabel('平均每个月工作时长（小时）')
plt.ylabel('满意度水平')
plt.title('满意度水平与平均每个月工作小时')
plt.show()
```

Out[2]:

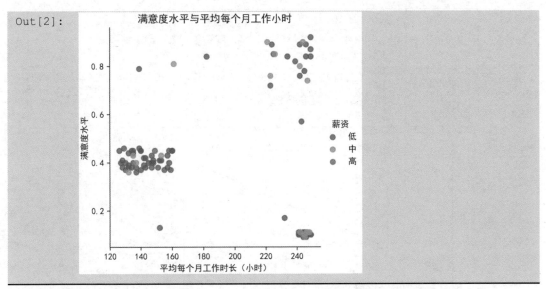

注：此代码仅展示绘图及参数效果，数据说明和具体绘图函数将在后续进行介绍。

在代码 4-1 中，使用 Matplotlib 库绘制图形使用了较长的代码，而使用 seaborn 库绘制图形仅用了几行代码即可达到相同的效果。但是与 Matplotlib 库不同的是，seaborn 库无法灵活地定制图形的风格。

4.1.2　了解 seaborn 的绘图风格

一个引人入胜、赏心悦目的图形不仅能展示数据中的细节，而且有利于与读者交流，并使读者更容易记住图形。

虽然 Matplotlib 库是高度可定制的，但是它很难根据需求确定需要调整的参数，且调整起来比较复杂。而 seaborn 库包含了许多自定义主题和高级界面，可以用于控制 Matplotlib 图形的外观。例如，自定义一个偏移直线图像，用于展示绘图风格，如代码 4-2 所示。

代码 4-2　用偏移直线图像展示绘图风格

In[3]:
```python
plt.rcParams['axes.unicode_minus'] = False
x = np.arange(1, 10, 2)
y1 = x + 1
y2 = x + 3
y3 = x + 5
# 绘制 3 条不同的直线
# 第 1 部分
plt.title('Matplotlib 库的绘图风格')
plt.plot(x, y1)
plt.plot(x, y2)
plt.plot(x, y3)
plt.show()

# 第 2 部分
# 使用 seaborn 库绘图
```

```
sns.set_style('darkgrid')   # 设置绘图风格
sns.set_style({'font.sans-serif':['simhei', 'Arial']})
sns.lineplot(x, y1)
sns.lineplot(x, y2)
sns.lineplot(x, y3)
plt.title('seaborn 库的绘图风格')
plt.show()
```

Out[3]:

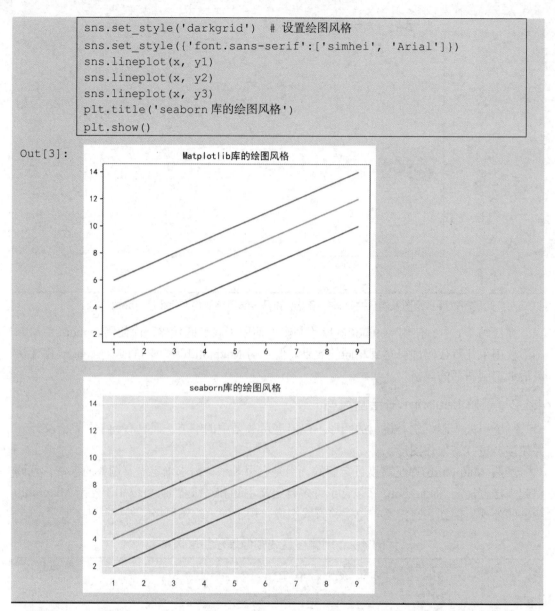

由代码 4-2 的运行结果可知：seaborn 库将 Matplotlib 库的参数分为两个独立的组，第 1 部分的代码用于控制图形的美学样式；第 2 部分的代码用于缩放图形的各种元素，实现简便地改变绘图风格。在 seaborn 库中可通过主题样式、元素缩放和边框控制等方法设置绘图风格。

1. 主题样式

seaborn 库中含有 darkgrid（灰色背景+白网格）、whitegrid（白色背景+黑网格）、dark（仅灰色背景）、white（仅白色背景）和 ticks（坐标轴带刻度）5 种预设的主题。其中，darkgrid 与 whitegrid 主题有助于在绘图时进行定量信息的查找，dark 与 white 主题有助于防止网格与表示数据的线条混淆，ticks 主题有助于体现少量特殊的数据元素结构。

seaborn 图形的默认主题为 darkgrid。读者可以使用 set_style 函数修改主题及其默认参数。set_style 函数的使用格式如下。

```
seaborn.set_style(style=None, rc=None)
```

set_style 函数只能修改 axes_style 函数显示的参数，axes_style 函数可以达到临时设置图形样式的效果。例如，使用偏移直线展示各主题及修改默认参数，如代码 4-3 所示。

代码 4-3　使用偏移直线展示各主题及修改默认参数示例

```
In[4]:    x = np.arange(1, 10, 2)
          y1 = x + 1
          y2 = x + 3
          y3 = x + 5
          def showLine(flip=1):
              sns.lineplot(x, y1)
              sns.lineplot(x, y2)
              sns.lineplot(x, y3)
          pic = plt.figure(figsize=(12, 8))
          with sns.axes_style('darkgrid'):  # 使用 darkgrid 主题
              pic.add_subplot(2, 3, 1)
              showLine()
              plt.title('darkgrid')
          with sns.axes_style('whitegrid'):  # 使用 whitegrid 主题
              pic.add_subplot(2, 3, 2)
              showLine()
              plt.title('whitegrid')
          with sns.axes_style('dark'):  # 使用 dark 主题
              pic.add_subplot(2, 3, 3)
              showLine()
              plt.title('dark')
          with sns.axes_style('white'):  # 使用 white 主题
              pic.add_subplot(2, 3, 4)
              showLine()
              plt.title('white')
          with sns.axes_style('ticks'):  # 使用 ticks 主题
              pic.add_subplot(2, 3, 5)
              showLine()
              plt.title('ticks')
          sns.set_style(style='darkgrid', rc={'font.sans-serif': ['MicrosoftYaHei',
          'SimHei'],
                                    'grid.color': 'black'})  # 修改主题中的参数
          pic.add_subplot(2, 3, 6)
          showLine()
          plt.title('修改参数')
          plt.show()
```

Out[4]:

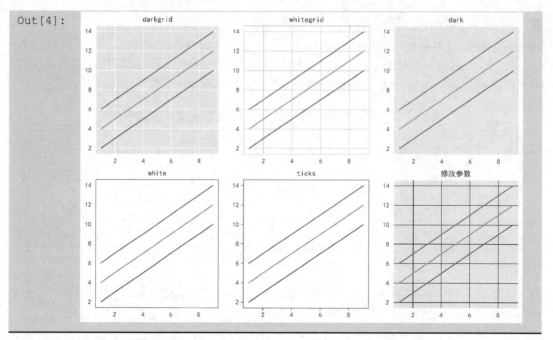

由代码 4-3 的运行结果可知：通过 set_style 函数修改 axes_style 函数的参数，可以在各主题风格下绘制偏移直线函数图形。虽然在 seaborn 库中切换主题相对容易，但是使用 with() 方法临时设置主题将会更方便。

2. 元素缩放

在 seaborn 库中通过 set_context 函数可以设置输出图形的尺寸。set_context 函数的使用格式如下。

```
seaborn.set_context(context=None, font_scale=1, rc=None)
```

context 参数可接收 paper、notebook、talk、poster 类型或 dict，默认为 None。使用 set_context 函数只能修改 plotting_context 函数显示的参数，plotting_context 函数通过调整参数来改变图中标签、线条或其他元素的大小，但不会影响整体样式。例如，使用偏移直线函数展示 4 种不同缩放类型的图形，如代码 4-4 所示。

代码 4-4 使用偏移直线函数展示 4 种不同缩放类型的图形

```
In[5]:   sns.set()
         x = np.arange(1, 10, 2)
         y1 = x + 1
         y2 = x + 3
         y3 = x + 5
         def showLine(flip=1):
             sns.lineplot(x, y1)
             sns.lineplot(x, y2)
             sns.lineplot(x, y3)
         pic = plt.figure(figsize=(8, 8))
         # 恢复默认参数
         pic = plt.figure(figsize=(8, 8), dpi=100)
```

```
with sns.plotting_context('paper'):  # 选择 paper 类型
    pic.add_subplot(2, 2, 1)
    showLine()
    plt.title('paper')
with sns.plotting_context('notebook'):  # 选择 notebook 类型
    pic.add_subplot(2, 2, 2)
    showLine()
    plt.title('notebook')
with sns.plotting_context('talk'):  # 选择 talk 类型
    pic.add_subplot(2, 2, 3)
    showLine()
    plt.title('talk')
with sns.plotting_context('poster'):  # 选择 poster 类型
    pic.add_subplot(2, 2, 4)
    showLine()
    plt.title('poster')
plt.show()
```

Out[5]:

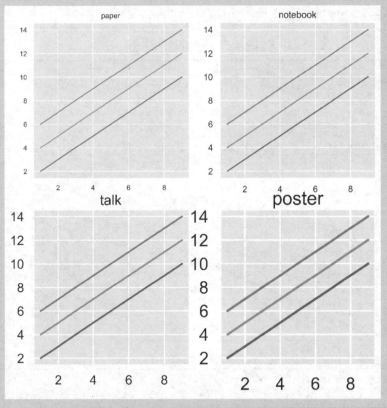

　　由代码 4-4 的运行结果可知，4 种不同的缩放类型最直观的区别在于字体大小的不同，而其他方面也略有差异。

3. 边框控制

　　在 seaborn 库中，可以使用 despine 函数移除任意位置的边框、调节边框的位置、修剪边框的长短。despine 函数的基本使用格式如下。

```
seaborn.despine(fig=None, ax=None, top=True, right=True, left=False, bottom=False, offset=None, trim=False)
```

despine 函数的主要参数及其说明如表 4-1 所示。

表 4-1　despine 函数的主要参数及其说明

参数名称	说　　明
top	接收 boolean，表示删除顶部边框。默认为 True
right	接收 boolean，表示删除右侧边框。默认为 True
left	接收 boolean，表示删除左侧边框。默认为 False
bottom	接收 boolean，表示删除底部边框。默认为 False
offset	接收 int 或 dict，表示边框与坐标轴的距离。默认为 None
trim	接收 boolean，表示将边框限制为每个非扭曲轴上的最小和最大主刻度。默认为 False

使用 despine 函数控制图形边框，如代码 4-5 所示。

代码 4-5　控制图形边框

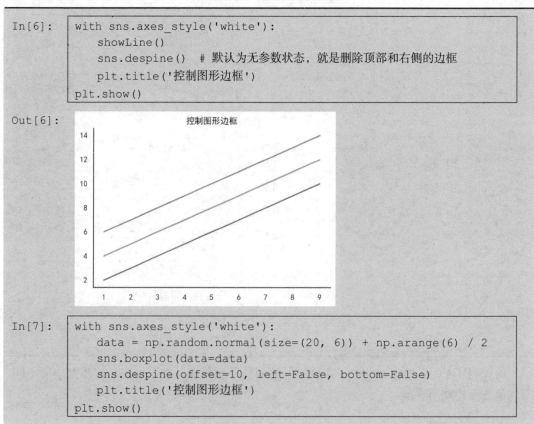

```
In[6]:    with sns.axes_style('white'):
              showLine()
              sns.despine()    # 默认为无参数状态，就是删除顶部和右侧的边框
              plt.title('控制图形边框')
          plt.show()
```

```
In[7]:    with sns.axes_style('white'):
              data = np.random.normal(size=(20, 6)) + np.arange(6) / 2
              sns.boxplot(data=data)
              sns.despine(offset=10, left=False, bottom=False)
              plt.title('控制图形边框')
          plt.show()
```

Out[7]:

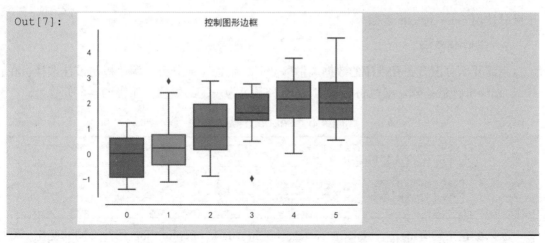

由代码 4-5 的运行结果可知，使用 despine 函数可以绘制不同边框的图形及改变坐标轴的距离。

4.1.3　熟悉 seaborn 的调色板

颜色在可视化中非常重要，可用于代表各种特征，合理运用颜色可以提高整幅图的观赏性。如果有效地使用颜色，那么可以显示数据中的图案；如果颜色使用不当，那么将会隐藏数据中的图案。由此可见，调色板是 seaborn 库中绘制图形的基础。

常用于调色板的函数及其作用如表 4-2 所示。

表 4-2　常用于调色板的函数及其作用

函　数	作　用
hls_palette	用于控制调色板颜色的亮度和饱和度
xkcd_palette	使用 xkcd 颜色中的颜色名称创建调色板
cubehelix_palette	用于创建连续调色板
light_palette	用于创建颜色从浅色或深色渐变的连续调色板
dark_palette	用于创建颜色从深色到深色混合的连续调色板
choose_light_palette	启动一个交互式小部件以创建一个浅色的连续调色板
choose_dark_palette	启动一个交互式小部件以创建一个深色的连续调色板
diverging_palette	用于创建离散调色板
choose_diverging_palette	启动一个交互式小部件以选择不同的调色板，与 diverging_palette 函数的功能相对应
color_palette	用于返回定义调色板的颜色列表或连续颜色图
set_palette	用于设置调色板，为所有图设置默认颜色周期

通常在不知道数据具体特征的情况下，将无法知道使用什么类型的调色板或颜色映射最优。因此，将其分为定性调色板、连续调色板和离散调色板 3 种不同类型的调色板，用

Python 数据可视化实战

于区分使用 color_palette 函数。

1. 定性调色板

当需要区分没有固有排序的数据离散区块时，定性（或分类）调色板是最佳选择。在导入 seaborn 库后，默认颜色将更改为以 10 种颜色为一组的颜色，如代码 4-6 所示。

代码 4-6　seaborn 默认颜色

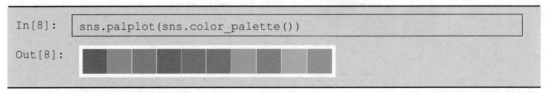

默认颜色主题有 deep、muted、pastel、bright、dark 和 colorblind 几种不同的变化，默认为 deep。读者可以使用代码 4-7 所示的方式导入不同的颜色主题。

代码 4-7　导入颜色主题

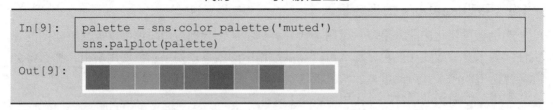

（1）使用圆形颜色系统

当有一个任意数量的类别需要区分时，最简单的方法就是在圆形颜色空间中绘制均匀间隔的颜色（色调在保持亮度和饱和度不变的同时变化）。在需要使用超出默认颜色中设置的颜色时，常使用圆形颜色系统设置图案颜色。

最常用的方法是使用 HLS（H 表示色调、L 表示亮度、S 表示饱和度）颜色空间，其是一个 RGB（R 代表红色、G 代表绿色、B 代表蓝色）值的简单转换，如代码 4-8 所示。

代码 4-8　HLS 颜色空间

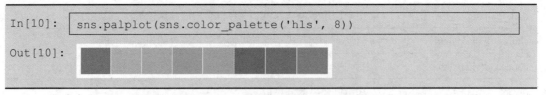

使用 hls_palette 函数可以控制颜色的亮度和饱和度，如代码 4-9 所示。

代码 4-9　控制颜色亮度和饱和度

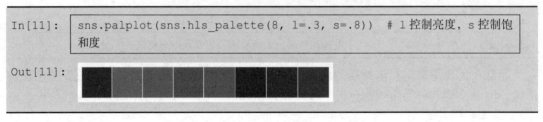

人类视觉系统的工作方式会导致在 RGB 度量上强度一致的颜色在视觉中并不平衡。例如，人们认为黄色和绿色是相对较亮的颜色，而蓝色则相对较暗，这可能会出现视觉系统与 HLS 系统颜色不一致的问题。

为了解决这一问题，seaborn 库提供了一个 HUSL 系统的接口，使得选择均匀间隔的颜色变得更加容易，同时能保持颜色亮度和饱和度更加一致，如代码 4-10 所示。

代码 4-10　调节颜色亮度和饱和度在视觉上一致

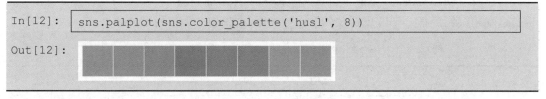

（2）使用 xkcd 颜色

xkcd 是对随机的 RGB 颜色空间的命名，产生了 954 种颜色，可以随时通过 xkcd_rgb 字典装饰器调用这些颜色，也可以通过 xkcd_palette 函数自定义定性调色板。xkcd 颜色的使用示例如代码 4-11 所示。

代码 4-11　xkcd 颜色使用示例

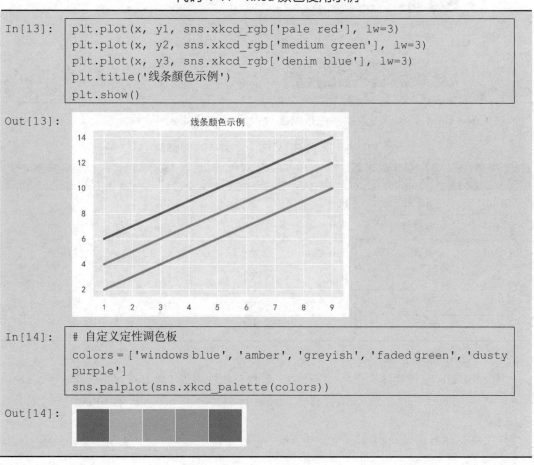

2. 连续调色板

当数据连续时，通常使用连续调色板。对于连续的数据，使用在色调上有细微变化、在亮度和饱和度上有很大变化的调色板，将会自然地展现数据中相对重要的部分。

（1）Color Brewer 库

Color Brewer 库中含有大量的连续调色板，调色板以其中的主色（或颜色）命名。如果需要反转亮度渐变，那么为调色板名称添加后缀 "_r" 即可实现。seaborn 库增加了一个允许创建没有动态范围的 "dark" 面板，只需为名称添加后缀 "_d" 即可切换至 "dark" 面板。绘制连续调色板、亮度反转及切换面板的示例如代码 4-12 所示。

代码 4-12　绘制连续调色板、亮度反转及切换面板的示例

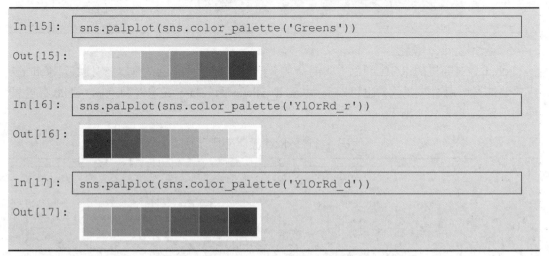

在 Color Brewer 库中，连续调色板的名称及渐变顺序如表 4-3 所示。

表 4-3　连续调色板的名称及渐变顺序

名称	渐变顺序	名称	渐变顺序	名称	渐变顺序
YlOrRd	黄橙红	Purples	紫	Greys	灰色
YlOrBr	黄橙棕	PuRd	紫红	Greens	绿
YlGnBu	黄绿蓝	PuBuGn	紫蓝绿	GnBu	绿蓝
YlGn	黄绿	PuBu	紫蓝	BuPu	蓝紫
Reds	红	OrRd	橙红	BuGn	蓝绿
RdPu	红紫	Oranges	橙色	Blues	蓝

（2）cubehelix 调色板

用 cubehelix 制作连续调色板，将产生一幅具有线性增加或降低亮度的色图。在 seaborn 库中，可使用 cubehelix_palette 函数制作 cubehelix 调色板。cubehelix_palette 函数的使用格式如下。

```
seaborn.cubehelix_palette(n_colors=6, start=0, rot=0.4, gamma=1.0, hue=0.8,
light=0.85, dark=0.15, reverse=False, as_cmap=False)
```

cubehelix_palette 函数的常用参数及其说明如表 4-4 所示。

表 4-4　cubehelix_palette 函数的常用参数及其说明

参数名称	说　　明
n_colors	接收 int，表示调色板中的颜色数目。默认为 6
start	接收 0~3 的 float，表示指定开始时的色调。默认为 0
rot	接收 float，表示指定调色板的旋转范围（次数）。默认为 0.4
light	接收 0~1 的 float，表示颜色明亮程度。默认为 0.85
dark	接收 0~1 的 float，表示颜色深浅程度。默认为 0.15
as_cmap	接收 boolean，表示是否返回 Matplotlib 颜色映射对象。默认为 False

使用 cubehelix_palette 函数生成调色板对象并传入绘图函数，如代码 4-13 所示。

代码 4-13　使用 cubehelix_palette 函数生成调色板对象并传入绘图函数

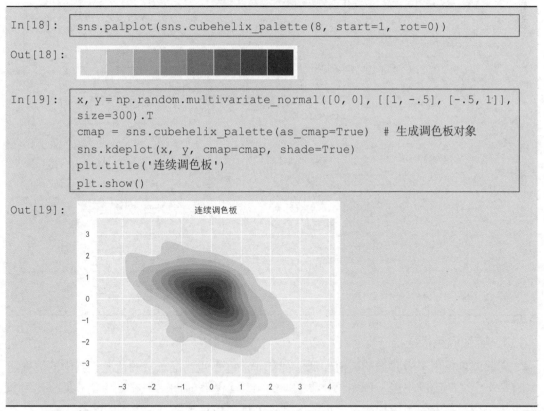

```
In[18]:    sns.palplot(sns.cubehelix_palette(8, start=1, rot=0))
Out[18]:
```

```
In[19]:    x, y = np.random.multivariate_normal([0, 0], [[1, -.5], [-.5, 1]],
           size=300).T
           cmap = sns.cubehelix_palette(as_cmap=True)  # 生成调色板对象
           sns.kdeplot(x, y, cmap=cmap, shade=True)
           plt.title('连续调色板')
           plt.show()
Out[19]:
```

（3）自定义连续调色板

若要自定义连续调色板，可以调用 light_palette 函数和 dark_palette 函数进行单一颜色"播种"，让"种子"产生单一颜色从浅色或深色渐变的调色板。如果使用的是 IPython notebook（供 Jupyter Notebook 使用的一个 Jupyter 内核组件），light_palette 函数和 dark_palette 函数还可以分别与 choose_light_palette 函数和 choose_dark_palette 函数配合来启动一个交互式小部件，从而创建单一颜色的调色板。

任何有效的 Matplotlib 颜色都可以传递给 light_palette 函数和 dark_palette 函数，包括 HLS 颜色空间或 HUSL 颜色空间的 RGB 元组和 xkcd 颜色。生成自定义调色板及传入绘图函数，如代码 4-14 所示。

代码 4-14　生成自定义调色板及传入绘图函数

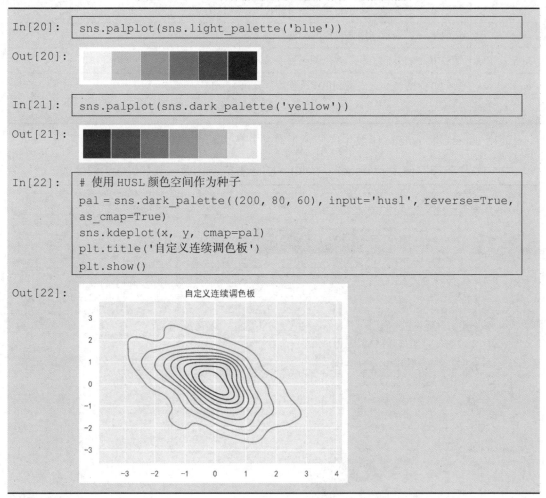

```
In[20]:    sns.palplot(sns.light_palette('blue'))
```

Out[20]:

```
In[21]:    sns.palplot(sns.dark_palette('yellow'))
```

Out[21]:

```
In[22]:    # 使用 HUSL 颜色空间作为种子
           pal = sns.dark_palette((200, 80, 60), input='husl', reverse=True,
           as_cmap=True)
           sns.kdeplot(x, y, cmap=pal)
           plt.title('自定义连续调色板')
           plt.show()
```

Out[22]:

3. 离散调色板

离散调色板用于当数据的高值和低值都有非常重要的数据意义的情况。其中的数据通常有一个定义明确的中点。例如，如果需要绘制某个基线时间点的温度变化，那么使用偏差色显示相对减少的区域和相对增加的区域效果将会相对较好。

选择离散调色板的规则是：起始色调具有相似的亮度和饱和度，并且经过色调偏移后在中点处协调地相遇；需要尽量避免使用红色与绿色。

（1）默认中较好的离散调色板

在 Color Brewer 库中有一组精心设计的离散调色板，如代码 4-15 所示。

代码 4-15　Color Brewer 库中的离散调色板

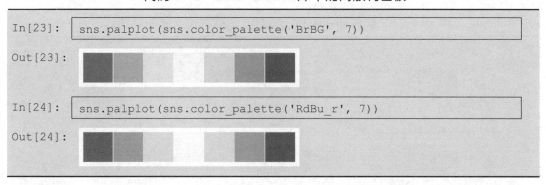

```
In[23]:    sns.palplot(sns.color_palette('BrBG', 7))
```

Out[23]:

```
In[24]:    sns.palplot(sns.color_palette('RdBu_r', 7))
```

Out[24]:

Matplotlib 库中内置了 coolwarm 离散调色板，但是它的中间值和极值之间的对比度较小，如代码 4-16 所示。

代码 4-16　coolwarm 离散调色板

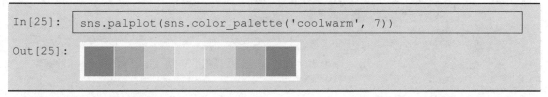

```
In[25]:    sns.palplot(sns.color_palette('coolwarm', 7))
```

Out[25]:

（2）自定义离散调色板

在 seaborn 库中可以使用 diverging_palette 函数（及 choose_diverging_palette 函数的交互式小部件）为离散数据创建自定义离散调色板。diverging_palette 函数可使用 HULS 颜色空间创建不同的调色板。diverging_palette 函数的使用格式如下。

```
seaborn.diverging_palette(h_neg, h_pos, s=75, l=50, sep=1, n=6, center='light',
as_cmap=False)
```

diverging_palette 函数的常用参数及其说明如表 4-5 所示。

表 4-5　diverging_palette 函数的常用参数及其说明

参数名称	说　明
h_neg	接收 0~359 的 float，表示调色板背面范围色调。无默认值
h_pos	接收 0~359 的 float，表示调色板正面范围色调。无默认值
s	接收 0~100 的 float，表示两个范围色调的饱和度。默认为 75
l	接收 0~100 的 float，表示两个范围色调的亮度。默认为 50
n	接收 int，表示调色板颜色数目。默认值为 6
center	接收 light 或 dark，表示调色板中心是明还是暗。默认为 light
as_cmap	接收 boolean，表示是否返回 Matplotlib 颜色映射对象。默认为 False

diverging_palette 函数使用 HUSL 系统的离散调色板，可任意传递两种颜色，并可设定亮度和饱和度的端点。diverging_palette 函数将使用 HUSL 系统左右两端的值及由此产生的

中间值均衡创建调色板。使用 diverging_palette 函数自定义离散调色板，如代码 4-17 所示。

代码 4-17　使用 diverging_palette 函数自定义离散调色板

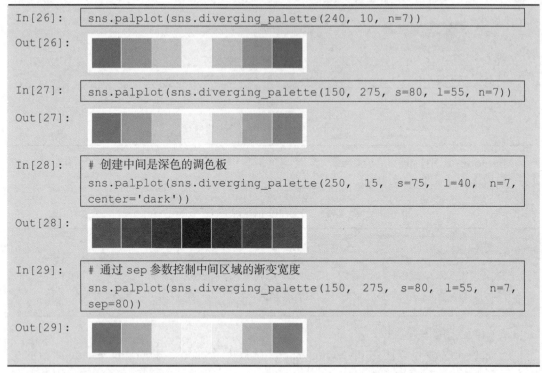

4. 设置默认调色板

还有一个与 color_palette 函数相对应的函数，即 set_palette 函数。set_palette 函数接收与 color_palette 函数相同的参数，可更改默认的 Matplotlib 参数。更改 set_palette 函数中的参数后，所有的调色板将变为新设置的调色板配置。使用 set_palette 函数设置调色板，如代码 4-18 所示。

代码 4-18　使用 set_palette 函数设置调色板

```
In[30]:   x = np.arange(1, 10, 2)
          y1 = x + 1
          y2 = x + 3
          y3 = x + 5
          def showLine(flip=1):
              sns.lineplot(x, y1)
              sns.lineplot(x, y2)
              sns.lineplot(x, y3)
          # 使用默认调色板
          showLine()
          plt.title('默认调色板')
          plt.show()
```

Out[30]:

In[31]:
```
# 使用 sns.set_palette 函数设置调色板
sns.set_palette('YlOrRd_d')
showLine()
plt.title('使用 set_palette 函数设置调色板')
plt.show()
```

Out[31]:

In[32]:
```
sns.set()  # 恢复所有默认设置
plt.rcParams['font.sans-serif'] = ['SimHei']
plt.rcParams['axes.unicode_minus'] = False
pic = plt.figure(figsize=(8, 4))
with sns.color_palette('PuBuGn_d'):  # 配置临时调色板
    pic.add_subplot(1, 2, 1)
    showLine()
    plt.title('使用 color_palette 函数设置调色板')
pic.add_subplot(1, 2, 2)  # 使用默认调色板
showLine()
plt.title('默认调色板')
plt.show()
```

Out[32]:

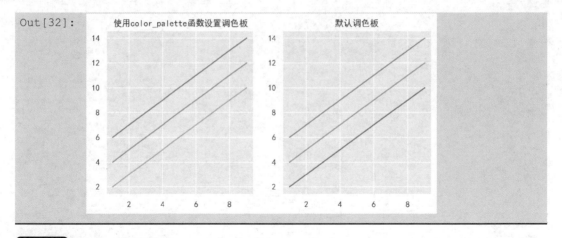

4.2 绘制关系图

关系图可用于了解数据集中变量间的关系，展示一个变量与另外一个或几个变量的关系。其中，最基本的关系图是散点图、折线图和热力图，它们使用简单且易于理解的数据表示方法表示复杂的数据集结构。seaborn 库提供了 scatterplot 函数、lineplot 函数、heatmap 函数、relplot 函数，它在 Matplotlib 库的基础上优化了绘制散点图、折线图和热力图的方法，并且通过色调、大小、样式增强显示效果。

4.2.1 绘制散点图

在 seaborn 库中，可以使用 scatterplot 函数绘制散点图。scatterplot 函数的使用格式如下。

```
seaborn.scatterplot(x=None, y=None, hue=None, style=None, size=None, data=None,
palette=None, hue_order=None, hue_norm=None, sizes=None, size_order=None,
size_norm=None, markers=True, style_order=None, x_bins=None, y_bins=None,
units=None, estimator=None, ci=95, n_boot=1000, alpha=None, x_jitter=None,
y_jitter=None, legend='auto', ax=None, **kwargs)
```

scatterplot 函数的主要参数及其说明如表 4-6 所示。

表 4-6　scatterplot 函数的主要参数及其说明

参数名称	说　　明
x、y	接收 array、str、series，表示输入变量、字符串应该是 data 中对应的变量名，使用 series 将会在轴上显示名称。默认为 None
data	接收 DataFrame，表示用于绘图的数据集。默认为 None
hue	接收 data 中的变量名，表示传入分类变量，以颜色分类。默认为 None
size	接收 data 中的变量名，表示传入分类变量，以标记大小分类。默认为 None
sizes	接收 list、dict、tuple，表示确定不同级别的 size，可以一一映射，也可以设置最大或最小范围。默认为 None
style	接收 data 中的变量名，表示传入分类变量，以标记形状分类。默认为 None
markers	接收 boolean、list、dict，表示确定不同级别的 style。默认为 True

续表

参数名称	说　明
alpha	接收 float、auto，表示点的透明度。默认为 None
legend	接收 auto、brief、full、False，表示图形图例的绘制形式。默认为 auto
palette	接收调色板，表示改变默认绘图颜色。默认为 None

离职率（Dimission Rate）是企业用于衡量内部人力资源流动状况的一个重要指标。对离职率进行分析，可以了解企业对员工的吸引力和员工对企业的满意情况。离职率过高，一般表明企业的员工情绪较为波动、劳资关系存在较严重的矛盾、凝聚力不高，从而导致人力资源成本增加（含直接成本和间接成本）、组织的效率下降。但并不是员工的离职率越低越好，在市场竞争中，保持一定的人员流动，可以使企业利用优胜劣汰的人才竞争制度保持企业的活力和创新意识。而企业的评价分数、平均工作时间等各种因素都会对人员流动造成一定的影响。

人员离职率数据的字段说明如表 4-7 所示。

表 4-7　人员离职率数据的字段说明

字段名称	字段含义	示例
用户编号	用户的编号	1
满意度	员工满意程度，取值为 0~1，值越大代表员工对企业越满意	0.38
评分	最近一次的员工表现评分，取值为 0~1，值越大代表员工表现越好（单位：分）	0.53
总项目数	员工做过的总项目数（单位：个）	2
每月平均工作小时数（小时）	每月的平均工作时长（单位：小时）	157
工龄（年）	员工在公司的时间（单位：年）	3
工作事故	员工是否在工作期间受过工伤（0 表示没有，1 表示有）	0
离职	是否离职（0 表示在职，1 表示离职）	1
5 年内升职	最近 5 年是否有过升职（0 表示没有，1 表示有）	0
部门	员工所属的部门，包括销售部、财务部、人力资源部、IT 部、管理部、技术部、支持部、产品开发部、市场部、研发部	销售部
薪资	薪资的水平，包括低、中、高	低

基于人员离职率数据，绘制散点图来分析产品开发部已离职员工的评分与平均工作时间，如代码 4-19 所示。

代码 4-19　绘制散点图

```
In[33]:   from matplotlib import pyplot as plt
          import pandas as pd
```

Python 数据可视化实战

```
import seaborn as sns
# 忽略警告
import warnings
warnings.filterwarnings('ignore')

# 使用 seaborn 库绘图
sns.set_style('whitegrid', {'font.sans-serif':['simhei', 'Arial']})
# 设置中文字体
plt.rcParams['font.sans-serif'] = ['SimHei']

# 加载数据
hr = pd.read_csv('../data/hr.csv', encoding='gbk')
# 提取部门为产品开发部、离职为 1 的数据
product = hr.iloc[(hr['部门'].values=='产品开发部') & (hr['离职
'].values==1), :]
ax = sns.scatterplot(x='评分（分）', y='每月平均工作小时数（小时）',
data=product)
plt.title('评分与平均工作时间散点图')
plt.show()
```

Out[33]:

由代码 4-19 的运行结果可知：在产品开发部已经离职的员工中，员工平均每个月的工作时间越短，员工的评分越低；员工平均每个月的工作时间越长，员工的评分越高。可见，员工每月平均工作时间的长短会影响企业对员工的评分高低。

当添加第 3 个分类变量时，可以通过对点着色（也称色调语义）和改变标记来显示分类变量，以突显每个类别，如代码 4-20 所示。

代码 4-20 通过对点着色和改变标记来突显类别

```
In[34]:    markers={'低': 'O', '中': 'D', '高': 'S'}
           sns.scatterplot(x='评分（分）', y='每月平均工作小时数（小时）',
                           hue='薪资', style='薪资', markers=markers
           data=product)
           plt.title('评分与平均工作时间散点图')
           plt.show()
```

Out[34]:

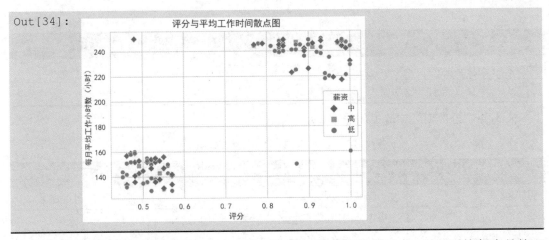

由代码 4-20 的运行结果可知：在产品开发部已经离职的员工中，员工平均每个月的工作时间越短，员工的评分越低，员工薪水也越低；员工的评分较高，薪水也较高；员工薪水大多数处于中薪阶段，高薪的人员较少。这说明员工平均月工作时间长短不仅影响企业对员工的评分高低，还影响员工薪水的高低。除此之外，读者还可以根据自身的需求使用 markers 参数为分组点设置自定义的标记。

4.2.2　绘制折线图

在 seaborn 库中，可以使用 lineplot 函数绘制折线图。默认情况下，会使用每个 x 值对应的多个 y 值的均值绘制折线，并显示根据多个 y 值计算出的估计值的置信区间带。lineplot 函数的使用格式如下。

```
seaborn.lineplot(x=None, y=None, hue=None, size=None, style=None, data=None,
palette=None, hue_order=None, hue_norm=None, sizes=None, size_order=None,
size_norm=None, dashes=True, markers=None, style_order=None, units=None,
estimator='mean', ci=95, n_boot=1000, seed=None, sort=True, err_style='band',
err_kws=None, legend='auto', ax=None, **kwargs)
```

lineplot 函数的部分参数及其说明如表 4-8 所示。

表 4-8　lineplot 函数的部分参数及其说明

参数名称	说　　明
x、y	接收 array、str、series，表示输入变量、字符串应该是 data 中对应的变量名，使用 series 将会在轴上显示名称。默认为 None
data	接收 DataFrame，表示用于绘图的数据集。默认为 None
dashes	接收 boolean、list、dict，表示确定不同级别的 style。默认为 True
estimator	接收 pandas 方法、可调用函数、None。表示 y 在同一 x 级别的聚合方法。默认为 mean
ci	接收 int、sd、None，表示使用 estimator 参数聚合的置信区间大小，sd 表示数据标准差。默认为 95
n_boot	接收 int，表示计算置信区间的数。默认为 1000
sort	接收 boolean，表示数据的排序方式，若值为 True，则数据按照 x 和 y 变量排序，否则按在数据集中的出现顺序排序。默认为 True

Python 数据可视化实战

参数名称	说　明
err_style	接收 band、bars，表示是否用半透明误差带或离散误差棒绘制置信区间。默认为 band
err_kws	接收 dict，表示用于控制误差线条的参数。默认为 None

波士顿房价数据的字段说明如表 4-9 所示。

表 4-9　波士顿房价数据的字段说明

字段名称	字段含义	示例
犯罪率	波士顿城镇人均犯罪率	0.00632
居住面积占比	住房占地面积超过 2322.58m^2 的住宅用地比例	18.0
商业用地占比	每个城镇非零售商用土地的比例	2.31
河流穿行	是否被 Charles 河流穿过，1 表示是，0 表示否	0
一氧化氮含量（ppm）	一氧化氮浓度（每千万份）	0.538
房间数（间）	每个住宅的平均房间数（单位：个）	6.575
住宅占比	早于 1940 年建造的住宅单位比例	65.2
平均距离	距离 5 个就业中心区域的加权平均距离	4.0900
可达性指数	径向高速公路的可达性指数	1
财产税	每 10000 美元的全额物业税率（单位：美元）	296
学生与老师占比	城镇中的学生与教师比例	15.3
低收入人群	当地低收入人群占总人口的比例（单位：%）	4.98
房屋价格（千美元）	自住房屋价格的中位数（单位：千美元）	24.0

基于表 4-9 所示的波士顿房价数据，绘制房间数和房屋价格的折线图，如代码 4-21 所示。

代码 4-21　绘制房间数和房屋价格的折线图

```
In[35]:   boston = pd.read_csv('../data/boston_house_prices.csv', encoding='gbk')
          sns.lineplot(x='房间数（间）', y='房屋价格（千美元）', data=boston, ci=0)
          plt.title('房间数与房屋价格')
          plt.show()
```

Out[35]:

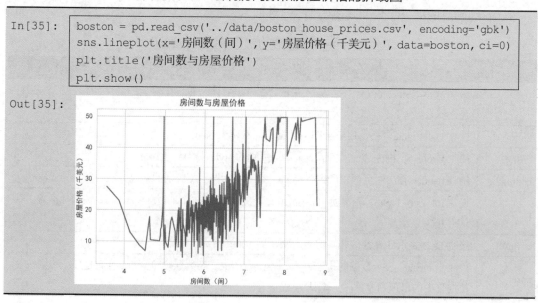

96

由代码 4-21 的运行结果可知：折线具有较大的波动性，但整体呈现向上的趋势，可以大致认为当房间数相对较少时，房屋价格也相对较低；当房间数增多时，房屋价格逐渐升高。

为分析 IT 部门中员工工龄与评分的关系，基于表 4-7 所示的人员离职率数据，绘制 IT 部门员工工龄和年度评分折线图，如代码 4-22 所示。

代码 4-22　绘制工龄和评分折线图

In[36]:

```
# 提取部门为 IT 部的数据
IT = hr.iloc[hr['部门'].values=='IT部', :]
sns.lineplot(x='工龄（年）', y='评分', hue='离职', data=IT, ci=0)
plt.title('工龄与上年度评价')
plt.show()
```

Out[36]:

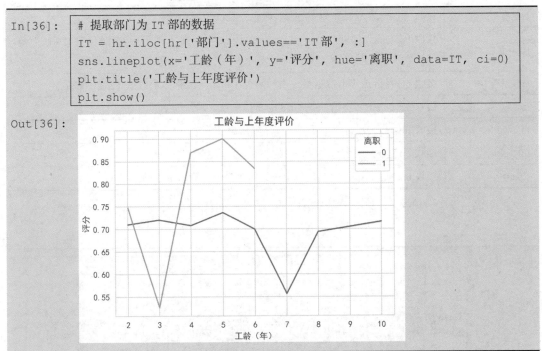

由代码 4-22 的运行结果可知：在离职为 1 的员工中，工龄在 2~3 年时，评分逐渐降低；工龄在 3~5 年时，员工评分随着工龄的增大而增加；工龄在 5 年以上时，评分又相对降低。在离职为 0 的员工中，工龄在 6~7 年的员工评分有大幅度的变动，其余工龄阶段的员工评分在 0.7 上下波动。

4.2.3　绘制热力图

矩阵图是一种根据多种因素综合思考、探索问题的方法：从问题事项中寻找成对的因素群，分别排成行和列，从而找出其中行与列的相关性或相关程度大小。使用矩阵图可以同时评估多个变量之间的关系，常见的矩阵图为热力图。

在 seaborn 库中，可以使用 heatmap 函数绘制热力图。heatmap 函数的使用格式如下。

```
seaborn.heatmap(data, vmin=None, vmax=None, cmap=None, center=None, robust=
False, annot=None, fmt='.2g', annot_kws=None, linewidths=0, linecolor='white',
cbar=True, cbar_kws=None, cbar_ax=None, square=False, xticklabels='auto',
yticklabels='auto', mask=None, ax=None, **kwargs)
```

heatmap 函数的主要参数及其说明如表 4-10 所示。

表 4-10 heatmap 函数的主要参数及其说明

参数名称	说　明
data	接收可转换为 ndarray 的二维矩形数据集，表示用于绘图的数据集。无默认值
vmin、vmax	接收 float，表示颜色映射的值的范围。默认为 None
cmap	接收色彩映射或颜色列表，表示数值到颜色空间的映射。默认为 None
center	接收 float，表示以 0 为中心发散颜色。默认为 None
robust	接收 boolean，如果为 True 且 vmin 或 vmax 不存在，则使用鲁棒分位数表示映射范围。默认为 False
annot	接收 boolean 或矩形数据集，表示是否在每个单元格显示数值。默认为 None
fmt	接收 str，表示传递给 FacetGrid 的其他参数。默认为.2g
linewidths	接收 float，表示每个单元的线宽。默认为 0
linecolor	接收颜色 str，表示每个单元格的线条颜色。默认为 white
square	接收 boolean，表示是否使每个单元格为方形。默认为 False

基于表 4-9 所示的波士顿房价数据绘制热力图，如代码 4-23 所示。

代码 4-23　绘制热力图

```
In[37]:    plt.rcParams['axes.unicode_minus']=False
           plt.rcParams['axes.unicode_minus'] = False
           corr = boston.corr()  # 特征的相关系数矩阵
           sns.heatmap(corr)
           plt.title('特征矩阵热力图')
           plt.show()
```

Out[37]:

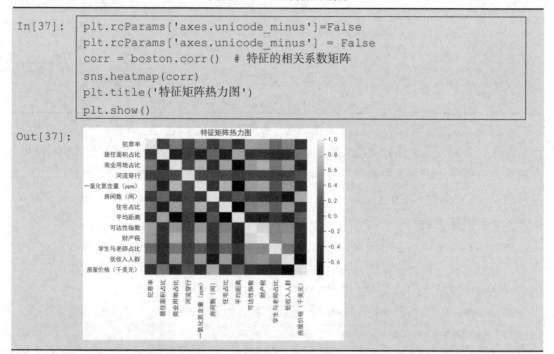

由代码 4-23 的运行结果可看出波士顿房价数据中各变量对之间的关系。图中右侧线条的值表示两两特征之间的相关性。以 0.0 为分界点，数值越接近，则正相关性越强，颜色越浅；数值越接近-1.0，则负相关性越强，颜色就越深。

为了更加细致地显示数据特点，可以添加数据标记，即设置参数 annot=True，辅助增强显示效果，如代码 4-24 所示。

代码 4-24　添加数据标记

```
In[38]:    plt.figure(figsize=(10, 10))
           sns.heatmap(corr, annot=True, fmt='.2f')
           plt.title('特征矩阵热力图')
           plt.show()
```

Out[38]:

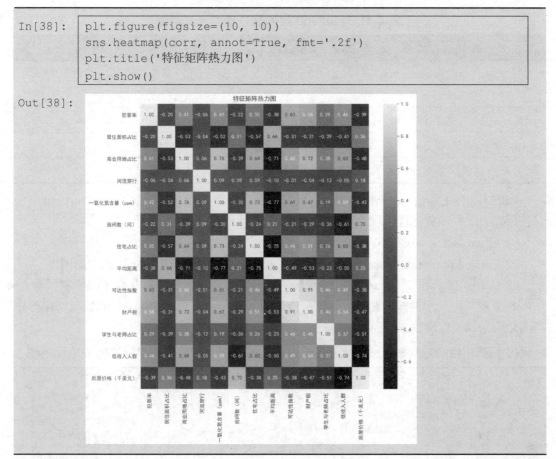

由代码 4-24 的运行结果可知：热力图添加数据标记后，可以清晰地展示出不同变量之间的相关性大小。

4.2.4　绘制矩阵网格图

当数据增加到中等维度甚至更多时，在一个绘图面上绘制图形会显得相对"拥挤"。此时将数据分成不同子集，在多个绘图面上分别绘制图形将是一个较好的方法，这种绘图方式被称为网格图。Matplotlib 库能够较好地使用子图，从而"手动"分组数据并绘制具有多个面的图形；seaborn 库在 Matplotlib 库的基础上直接使用数据集"自动"分组绘制网格图。但是，seaborn 库绘制网格图时要求数据必须是整洁的数据框形式。

PairGrid 类可用于绘制数据关联程度的网格图。PairGrid 类将数据集中的每个变量映射到多个网格中的列和行，并可以使用不同的绘图函数绘制上三角和下三角的双变量图，显示数据集中变量的两两之间的关系。此外，还可以在对角线上显示每个变量的边缘分布。PairGrid 类的基础使用格式如下。

```
class seaborn.PairGrid(data, hue=None, hue_order=None, palette=None, hue_kws=None,
vars=None, x_vars=None, y_vars=None, corner=False, diag_sharey=True, height=2.5,
aspect=1, layout_pad=0.5, despine=True, dropna=True, size=None)
```

PairGrid 类的部分参数及其说明如表 4-11 所示。

表 4-11   PairGrid 类的部分参数及其说明

参数名称	说　　明
hue_kws	接收 param dict，表示设置每个子图绘图元素的颜色变化（如散点图的标记颜色）。默认为 None
vars	接收 list，表示 data 中使用的变量，否则使用 Numeric 类型变量。默认为 None
x_vars、y_vars	接收 list，表示选择行和列变量，即自定义图形。默认为 None
dropna	接收 boolean，表示是否删除含有缺失值的样本。默认为 True

PairGrid 类在创建完网格图对象后，同样需要在每个绘图面上绘制子图。PairGrid 类中可使用以下 5 种函数进行区域绘图。

（1）map 函数：可在所有区域绘制图形。

（2）map_lower 函数与 map_upper 函数：可分别在下三角与上三角区域绘制图形。

（3）map_diag 函数与 map_offdiag 函数：可分别在对角线和非对角线区域绘制图形。

基于表 4-9 所示的波士顿房价数据，绘制犯罪率、一氧化氮含量、房间数与房屋价格两两之间的相关性网格图，如代码 4-25 所示。

代码 4-25   绘制犯罪率、一氧化氮含量、房间数与房屋价格两两之间的相关性网格图

```
In[39]:    g = sns.PairGrid(boston, vars=['犯罪率', '一氧化氮含量（ppm）', '
           房间数（间）', '房屋价格（千美元）'])
           g = g.map(plt.scatter)
           plt.suptitle('矩阵网格图', verticalalignment='bottom', y=1)
           plt.show()
```

Out[39]:

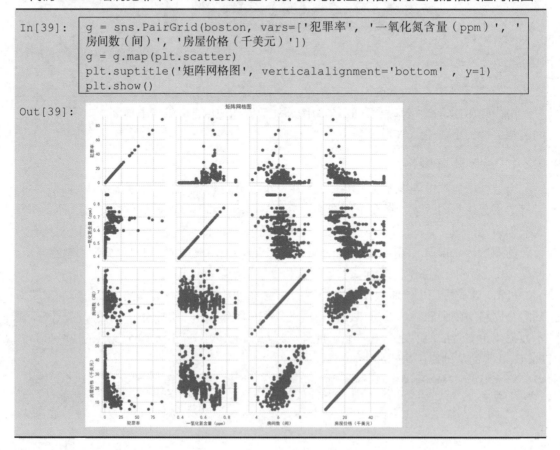

由代码 4-25 的运行结果可知：房间数目与房价呈正相关，犯罪率与房价呈负相关。

PairGrid 类可以用 hue 参数表示第 3 个类别变量。基于表 4-7 所示的人员离职率数据，用销售部已离职的员工数据绘制不同颜色的数据子集，如代码 4-26 所示。

代码 4-26 绘制不同颜色的数据子集

```
In[40]:    # 提取部门为销售部、离职为 1 的数据
           sell = hr.iloc[(hr['部门'].values=='销售部') & (hr['离职'].values==
           1), :]
           g = sns.PairGrid(sell,
                            vars=['满意度', '评分', '每月平均工作小时数（小时）'],
                            hue='薪资', palette='Set3')
           g = g.map_diag(sns.kdeplot)
           g = g.map_offdiag(plt.scatter)
           plt.suptitle('不同颜色的矩阵网格图', verticalalignment='bottom' , y=1)
           plt.show()
```

Out[40]:

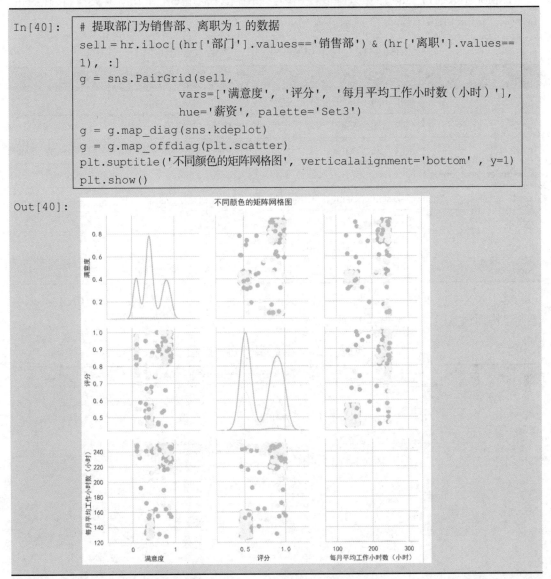

由代码 4-26 的运行结果可以看出：在网格图中，满意度和评分表示了行和列，并使用不同的颜色展示了薪资的不同类别。

4.2.5 绘制关系网格组合图

relplot 函数是基于 FacetGrid 类的，可以实现统一访问 scatterplot 函数和 lineplot 函数以绘制关系网格组合图。

relplot 函数的使用格式如下。

```
seaborn.relplot(x=None, y=None, hue=None, size=None, style=None, data=None,
row=None, col=None, col_wrap=None, row_order=None, col_order=None, palette=None,
hue_order=None, hue_norm=None, sizes=None, size_order=None, size_norm=None,
markers=None, dashes=None, style_order=None, legend='auto', kind='scatter',
height=5, aspect=1, facet_kws=None, units=None, **kwargs)
```

relplot 函数通过 kind 参数选择要使用的绘图函数，通过 col 和 row 参数控制网格图的行和列。relplot 函数的部分参数及其说明如表 4-12 所示。

表 4-12　relplot 函数的部分参数及其说明

参数名称	说　　明
x、y	接收 data 中的变量名，只能是定量变量。默认为 None
data	接收 DataFrame，表示用于绘图的数据集。默认为 None
row、col	接收 data 中的变量名，表示传入的分类变量，决定网格图的分面。默认为 None
row_order、col_order	接收 list，表示传入分类变量类别名称列表并以此为顺序。默认为 None
kind	接收 scatter、line，表示选择绘图函数。默认为 scatter
height	接收 scalar，表示网格图的高度。默认为 5
aspect	接收 scalar，表示网格图的宽度。默认为 1
facet_kws	接收 dict，表示传递给 FacetGrid 的其他参数。默认为 None

基于表 4-7 所示的人员离职率数据，根据销售部已离职的员工数据，使用 relplot 函数绘制单构面散点图，如代码 4-27 所示。

代码 4-27　绘制单构面散点图

```
In[41]:   sns.relplot(x='满意度', y='评分', hue='薪资',
                  data=sell)
          plt.title('满意度水平与上年度评价')
          plt.show()
```

Out[41]:

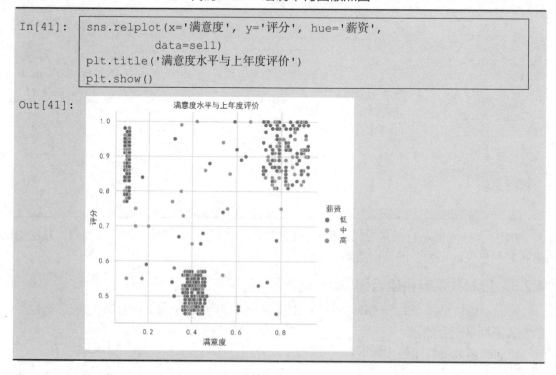

由代码 4-27 的运行结果可知：在销售部已经离职的员工中，员工的评分越高，员工对公司的满意度越高。

根据 IT 部的数据，传入分类变量薪资和工作事故到 col 和 row 参数中，绘制网格图，设置 col_wrap 参数来控制列数，如代码 4-28 所示。

代码 4-28　绘制网格图

In[42]:	`sns.relplot(x='满意度', y='评分', hue='5 年内升职', row='薪资',` `col='工作事故', data=IT)` `plt.show()`

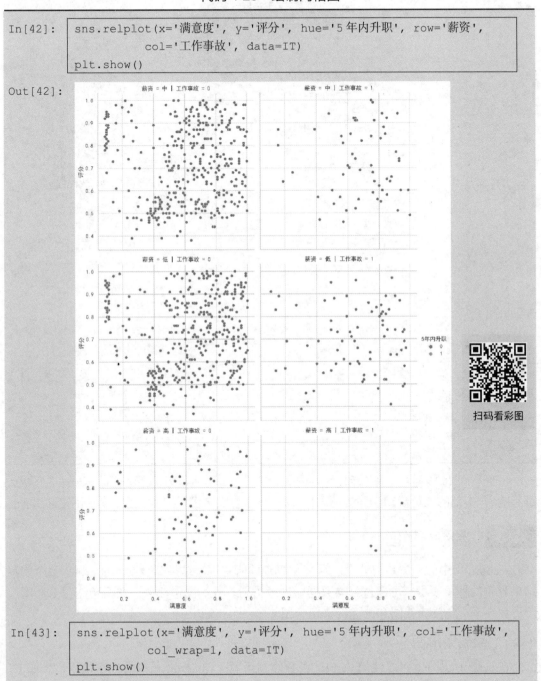

Out[42]:

扫码看彩图

In[43]:	`sns.relplot(x='满意度', y='评分', hue='5 年内升职', col='工作事故',` `col_wrap=1, data=IT)` `plt.show()`

Out[43]:

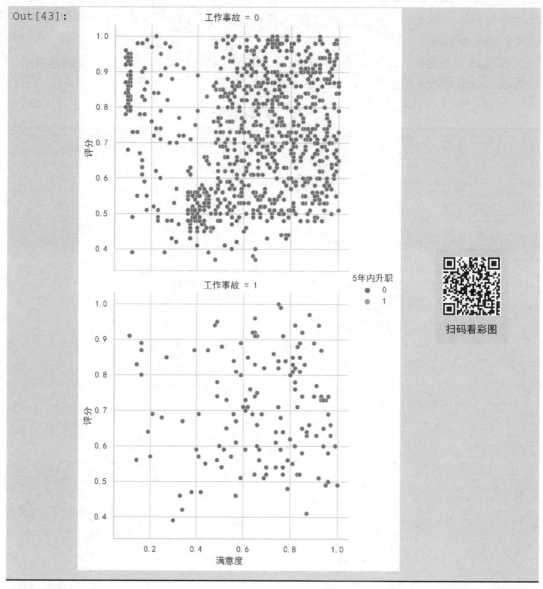

扫码看彩图

由代码 4-28 的运行结果可知：5 年内是否晋升和工作是否出现事故，以及员工的薪资，都影响着 IT 部的人员流动。读者还可以使用 kind 参数来设置图表类型，绘制网格折线图。

4.3 绘制分类图

seaborn 库中的分类图将分类变量每个级别的所有观察结果都显示出来，显示每个观察结果分布的抽象表示，可通过分类数据绘制分类图。分类图包括条形图、单变量分布图、分类散点图、增强箱线图和分类网格组合图。

4.3.1 绘制条形图

在 seaborn 库中，可以使用 barplot 函数绘制条形图。barplot 函数的基本使用格式如下。

```
seaborn.barplot(x=None, y=None, hue=None, data=None, order=None, hue_order=None,
estimator=<function mean>, ci=95, n_boot=1000, units=None, seed=None, orient=
None, color=None, palette=None, saturation=0.75, errcolor='.26', errwidth=None,
capsize=None, dodge=True, ax=None, **kwargs)
```

barplot 函数的常用参数及其说明如表 4-13 所示。

表 4-13　barplot 函数的常用参数及其说明

参数名称	说　　明
x、y	接收 array、str、series，表示输入变量、字符串应该是 data 中对应的变量名，使用 series 将会在轴上显示名称。默认为 None
hue	接收 data 中的变量名，表示传入分类变量，以颜色分类。默认为 None
data	接收 DataFrame、array 或 list of arrays，表示用于绘图的数据集。默认为 None
order	接收 lists of strings，表示绘制分类级别。默认值为 None
color	接收特定 str 或包含颜色字符串的 array，表示所有元素的颜色或渐变调色板的种子。默认为 None
palette	接收调色板、list 或 dict，表示改变默认的绘图颜色。默认为 None

基于表 4-7 所示的人员离职率数据，使用 barplot 函数绘制各部门人员总数条形图，如代码 4-29 所示。

代码 4-29　绘制各部门人员总数条形图

```
In[44]:    from matplotlib import pyplot as plt
           import pandas as pd
           import seaborn as sns
           import math

           # 加载数据
           boston = pd.read_csv('../data/boston_house_prices.csv', encoding='gbk')
           hr = pd.read_csv('../data/hr.csv', encoding='gbk')

           # 使用 seaborn 库绘图
           sns.set_style('whitegrid', {'font.sans-serif':['simhei', 'Arial']})
           # 设置中文字体
           plt.rcParams['font.sans-serif'] = ['SimHei']


           count = hr['部门'].value_counts()
           index = count.index
           sns.barplot(x=count, y=index)
           plt.xticks(rotation=70)
           plt.xlabel('总数（人）')
           plt.ylabel('部门')
           plt.title('各部门总人数')
           plt.show()
```

Out[44]:

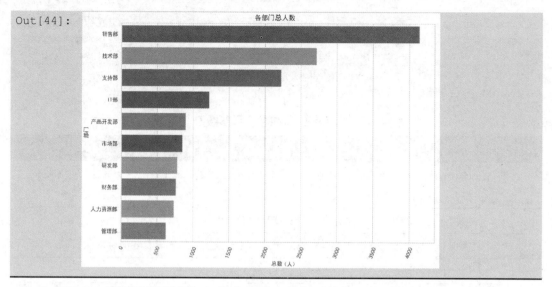

由代码 4-29 的运行结果可知：销售部的人数相对较多，管理部的人数相对较少。

当条形图需要显示每个类别的数量而不是计算第二个变量的统计值时，可以使用计数图实现。计数图可以看作应用于分类变量、比较类别间计数差的直方图。

在 seaborn 库中，可以使用 countplot 函数绘制计数图。countplot 函数的使用格式如下。

```
seaborn.countplot(x=None, y=None, hue=None, data=None, order=None, hue_order=
None, orient=None, color=None, palette=None, saturation=0.75, dodge=True, ax=None,
**kwargs)
```

countplot 函数的常用参数及其说明如表 4-14 所示。

表 4-14　countplot 函数的常用参数及其说明

参数名称	说　　明
x, y	接收 array、str、series，表示输入变量、字符串应该是 data 中对应的变量名，使用 series 将会在轴上显示名称。默认为 None
hue	接收 data 中的变量名，表示传入分类变量，以颜色分类。默认为 None
data	接收 DataFrame，表示用于绘图的数据集。默认为 None
color	接收特定 str 或包含颜色字符串的 array，表示图形的颜色。默认为 None
palette	接收调色板，表示改变默认的绘图颜色。默认为 None

countplot 函数不能同时输入 x 与 y 参数，只能在不同坐标轴上分开输入，并且计数图没有误差棒。基于表 4-7 所示的人员离职率数据绘制 x 轴与 y 轴显示数据的计数图，如代码 4-30 所示。

代码 4-30　绘制 x 轴与 y 轴显示数据的计数图

```
In[45]:    plt.figure(figsize=(8, 4))
           plt.subplot(121)
           sns.countplot(x='工龄（年）', data=hr)
```

```
plt.title('x轴显示数据的计数图')
plt.ylabel('计数')
plt.subplot(122)
sns.countplot(y='工龄（年）', data=hr)
plt.title('y轴显示数据的计数图')
plt.xlabel('计数')
plt.show()
```

Out[45]:

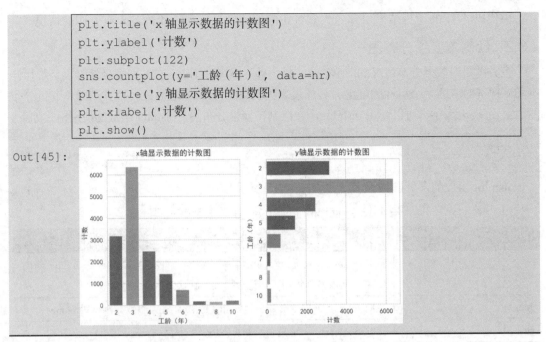

由代码 4-30 的运行结果可知：工龄为 3 年的员工数量最多，其次是工龄为 2 年和 4 年的，工龄为 7 年、8 年、10 年的员工数量都相对较少，说明了公司员工在工作到一定时间后有离职的情况。

根据某个类别，绘制多分类嵌套的计数图，如代码 4-31 所示。

代码 4-31　绘制多分类嵌套的计数图

```
In[46]:    sns.countplot(x='5年内升职', hue='薪资', data=hr, palette='Set2')
           plt.suptitle('多变量散点图')
           plt.ylabel('总数（人）')
           plt.show()
```

Out[46]:

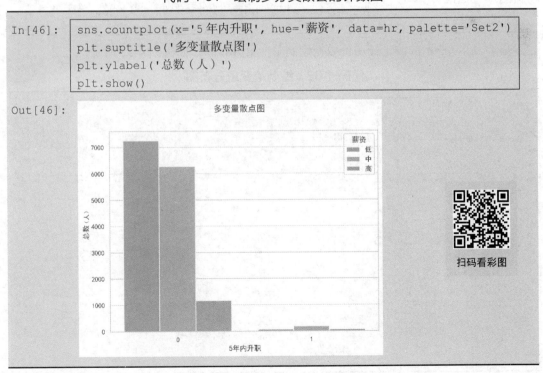

扫码看彩图

107

Python 数据可视化实战

由代码 4-31 的运行结果可知：大多数不同薪资的员工在 5 年内均未有升职的情况。

4.3.2 绘制单变量分布图

直方图是对数据分布情况的图形表示，是一种二维统计图表，它的两个坐标分别是统计样本和该样本对应的某个属性的度量，具体表现为长条图（bar）的形式。直方图即单变量分布图。在 seaborn 库中，可以使用 distplot 函数绘制单变量分布图。distplot 函数的使用格式如下。

```
seaborn.distplot(a=None, bins=None, hist=True, kde=True, rug=False, fit=None,
hist_kws=None, kde_kws=None, rug_kws=None, fit_kws=None, color=None,
vertical=False, norm_hist=False, axlabel=None, label=None, ax=None, x=None)
```

distplot 函数的部分参数及其说明如表 4-15 所示。

表 4-15 distplot 函数的部分参数及其说明

参数名称	说　　明
a	接收 series、list、array，表示观察的数据。如果是具有 name 属性的 series 对象，则该名称将用于标记数据轴。默认为 None
bins	接收 int，表示长方形数目，如 hist 函数的 bins 参数。默认为 None
hist	接收 boolean，表示是否绘制直方图。默认为 True
kde	接收 boolean，表示是否绘制高斯核密度估计图。默认为 True
rug	接收 boolean，表示是否添加分布观测刻度。默认为 False
fit	接收随机变量对象，用于拟合分布。默认为 None
color	接收特定 str，表示除拟合曲线外的所有内容的颜色。默认为 None
hist_kws、kde_kws、rug_kws、fit_kws	接收字典，表示底层绘图函数的关键字参数。默认为 None

基于表 4-9 所示的波士顿房价数据绘制单变量分布图，如代码 4-32 所示。

代码 4-32 绘制单变量分布图

```
In[47]:    # 绘制图形
           sns.distplot(boston['财产税'], kde=False)
           plt.title('单变量分布图')
           plt.ylabel('数量')
           plt.show()
```

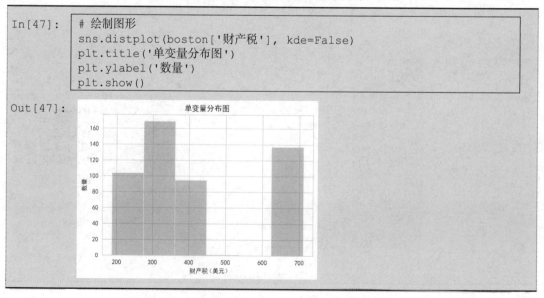

由代码 4-32 的运行结果可知：每一万美元的全额物业税率（即财产税）主要集中在 200~400 和 600~700，且在 200~400 之间的数量相对较大。

4.3.3 绘制分类散点图

读者可使用 stripplot 函数和 swarmplot 函数绘制分类散点图，不同函数的作用有所不同，具体的介绍如下。

1. stripplot 函数

使用 stripplot 函数绘制分布散点图是显示分类变量级别中某些定量变量值的一种简单方法。分类散点图可以单独显示，但是有时候它也可以作为其他分类图的辅助，用于显示所有的观察结果和基本分布情况。stripplot 函数的使用格式如下。

```
seaborn.stripplot(x=None, y=None, hue=None, data=None, order=None, hue_order=
None, jitter=True, dodge=False, orient=None, color=None, palette=None, size=5,
edgecolor='gray', linewidth=0, ax=None, **kwargs)
```

stripplot 函数接收多种类型的传递数据，包括列表、NumPy 阵列、数据框、序列、数组或向量。当使用数据框和序列时，将会添加相关联的名称注释到坐标轴。

stripplot 函数的部分参数及其说明如表 4-16 所示。

表 4-16　stripplot 函数的部分参数及其说明

参数名称	说　　明
x、y、hue	x、y 接收 data 中的变量名，表示传入的绘图变量；hue 表示传入分类变量，以颜色分类。默认为 None
data	接收 DataFrame、array、list、series，表示用于绘图的数据集。默认为 None
order、hue_order	接收 str、list，表示绘图分类级别。默认为 None
jitter	接收 float、True、1，表示添加均匀随机噪声（仅改变图形）来优化图形显示。默认为 True
dodge	接收 boolean，表示当使用分类嵌套时是否沿着分类轴分离。默认为 False
orient	接收 v、h，表示图形的方向。默认为 None

基于表 4-7 所示的人员离职率数据，绘制简单水平分布散点图来分析销售部已离职的员工每月平均工作小时数，如代码 4-33 所示。

代码 4-33　绘制简单水平分布散点图

```
In[48]:   # 提取部门为销售部、离职为 1 的数据
          sale = hr.iloc[(hr['部门'].values=='销售部') & (hr['离职'].values=
          =1), :]
          sns.stripplot(x=sale['每月平均工作小时数（小时）'])
          plt.title('简单水平分布散点图')
          plt.show()
```

Out[48]:

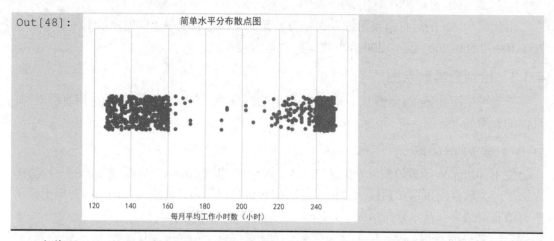

由代码 4-33 的运行结果可知：销售部已离职的员工每个月的工作时间大致可分为两个时间段，分别是 125~165 小时和 210~250 小时。

通过分类变量对条带进行分组，并添加随机噪声抖动，如代码 4-34 所示。

代码 4-34　添加随机噪声抖动

```
In[49]:    # 提取离职为 1 的数据
           hr1 = hr.iloc[hr['离职'].values==1, :]
           plt.figure(figsize=(10, 5))
           plt.subplot(121)
           plt.xticks(rotation=70)
           sns.stripplot(x='部门', y='每月平均工作小时数（小时）', data=hr1)
           # 默认添加随机噪声
           plt.title('默认随机噪声抖动')
           plt.subplot(122)
           plt.xticks(rotation=70)
           sns.stripplot(x='部门', y='每月平均工作小时数（小时）',
                         data=hr1, jitter=False)  # 不添加随机噪声
           plt.title('无随机噪声抖动')
           plt.show()
```

Out[49]:

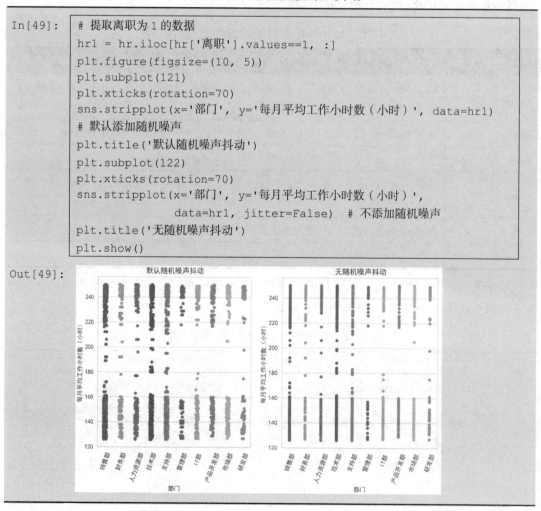

由代码 4-34 的运行结果可知：添加噪声抖动与不添加噪声抖动的图形不一致，没有添加噪声的图形相对较平缓。

基于表 4-7 所示的人员离职率数据，绘制图形来分析高薪在职的员工在 5 年内是否晋升与平均每月工作时长的关系，并使用多分类功能，将一个分类变量嵌套进另一个分类变量，以颜色显示第二个分类条件，如代码 4-35 所示。

代码 4-35　以颜色显示第二个分类条件

```
In[50]:    # 提取高薪在职员工的数据
           hr2 = hr.iloc[(hr['薪资'].values=='高') & (hr['离职'].values==0), :]
           sns.stripplot(x='5年内升职', y='每月平均工作小时数（小时）',
                         hue='部门', data=hr2, jitter=True)
           plt.title('5年内是否晋升与平均每月工作时长的关系')
           plt.show()
```

Out[50]:

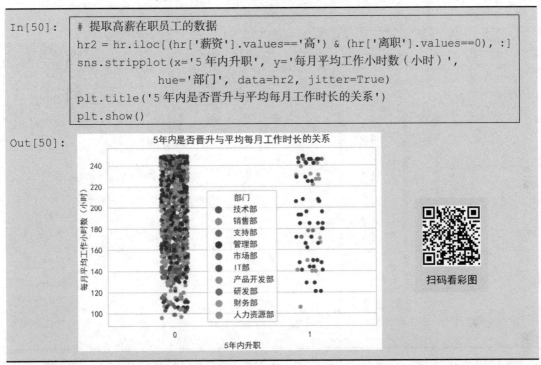

扫码看彩图

由代码 4-35 的运行结果可知：在高薪在职的员工中，近 5 年得到晋升的员工相对较少，大多数部门的员工没有得到晋升，这样容易导致企业员工的流动，增加企业员工的离职率。

修改 dodge 参数，使变量沿分类轴方向分类，而不是覆盖重叠，如代码 4-36 所示。

代码 4-36　使变量沿分类轴方向分类

```
In[51]:    plt.figure(figsize=(10, 13))
           plt.subplot(211)
           plt.xticks(rotation=70)
           plt.title('不同部门的平均每月工作时长')
           sns.stripplot(x='部门', y='每月平均工作小时数（小时）', hue='5年内升
           职', data=hr2)
           plt.subplot(212)
           plt.xticks(rotation=70)
           sns.stripplot(x='部门', y='每月平均工作小时数（小时）', hue='5年内升职',
                         data=hr2, dodge=True)
           plt.show()
```

Out[51]:

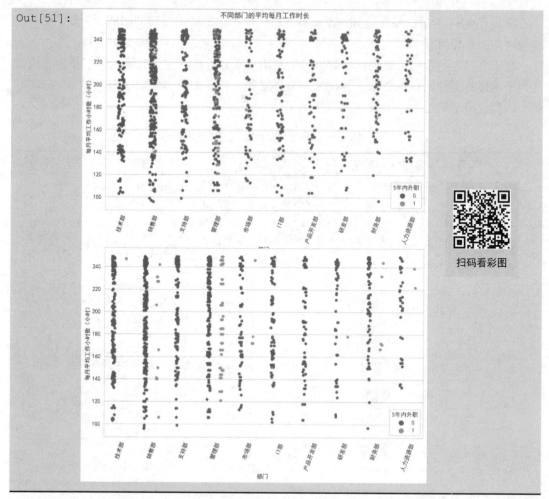

扫码看彩图

由代码 4-36 的运行结果可知：修改 dodge 参数之后，变量沿分类轴方向分类，而不是覆盖重叠，这将会使分类更加清晰。

2. swarmplot 函数

用 stripplot 函数添加随机噪声来增加图形抖动及将变量沿着分类轴绘制后，仍然有重叠的可能。而使用 swarmplot 函数可以避免这种情况，swarmplot 函数能够绘制出具有非重叠点的分类散点图。swarmplot 函数的使用格式如下。

```
seaborn.swarmplot(x=None, y=None, hue=None, data=None, order=None, hue_order=
None, dodge=False, orient=None, color=None, palette=None, size=5, edgecolor=
'gray', linewidth=0, ax=None, **kwargs)
```

swarmplot 函数和 stripplot 函数在参数上基本一致，只是 swarmplot 函数缺少了 jitter 参数。因为 swarmplot 函数显示的是分布密度，所以不需要添加抖动项。基于表 4-7 所示的人员离职率数据，根据高薪在职的员工数据，使用 swarmplot 函数绘制简单的分布密度散点图，如代码 4-37 所示。

代码 4-37　绘制简单的分布密度散点图

```
In[52]:   sns.swarmplot(x='部门', y='每月平均工作小时数（小时）', data=hr2)
          plt.xticks(rotation=70)
          plt.title('不同部门的平均每月工作时长')
          plt.show()
```

Out[52]:

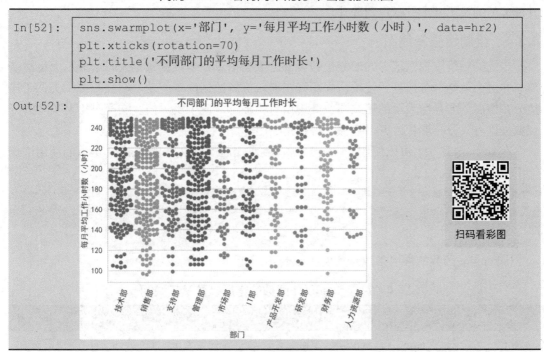

扫码看彩图

传入 hue 参数来添加多个嵌套分类变量，如代码 4-38 所示。

代码 4-38　添加多个嵌套分类变量

```
In[53]:   sns.swarmplot(x='部门', y='每月平均工作小时数（小时）',
                        hue='5年内升职', data=hr2)
          plt.xticks(rotation=30)
          plt.title('不同部门的平均每月工作时长')
          plt.show()
```

Out[53]:

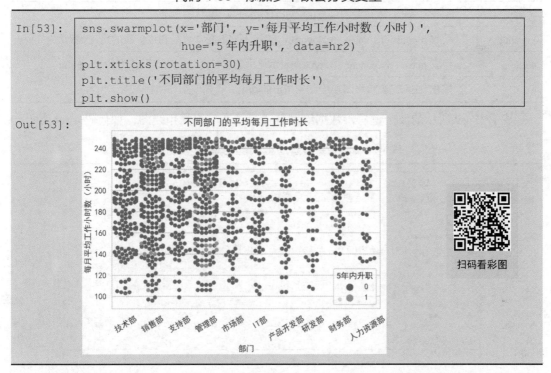

扫码看彩图

由代码 4-38 的运行结果可知在高薪在职的员工中不同部门员工的每个月平均工作时长

和近 5 年是否得到晋升。其中，销售部、管理部、市场部和财务部有少数员工得到晋升，其他部门的员工基本没有得到晋升。

4.3.4　绘制增强箱线图

传统的箱线图提供很少的四分位数以外的数据信息，当数据量很大时会显示大量极端值，并且会忽略部分信息，使用增强箱线图能较好解决这两个问题。增强箱线图类似于描述分布情况的非参数表示的箱线图，其中所有特征都对应于实际值。它通过绘制更多的分位数提供有关分布形状的更多信息，特别是在尾部。

在 seaborn 库中，可以使用 boxenplot 函数绘制增强箱线图。boxenplot 函数的使用格式如下。

```
seaborn.boxenplot(x=None, y=None, hue=None, data=None, order=None, hue_order=
None, orient=None, color=None, palette=None, saturation=0.75, width=0.8, dodge=
True, k_depth='tukey', linewidth=None, scale='exponential', outlier_prop= 0.007,
trust_alpha=0.05, showfliers=True, ax=None, **kwargs)
```

boxenplot 函数的常用参数及其说明如表 4-17 所示。

表 4-17　boxenplot 函数的常用参数及其说明

参数名称	说　明
x、y	接收 array、str、series，表示输入变量、字符串应该是 data 中对应的变量名，使用 series 将会在轴上显示名称。默认为 None
data	接收 DataFrame，表示用于绘图的数据集。默认为 None
orient	接收 v 或 h，表示绘图的方向（垂直或水平）。默认为 None
k_depth	接收 proportion、tukey、trustworthy，表示不同的箱盒数量和被扩展的比例。默认为 tukey
scale	接收 linear、exponential、area，表示显示箱盒宽度的方法。默认为 exponential
ax	接收 series，表示将图形绘制到指定的轴上，否则使用当前轴。默认为 None

基于表 4-9 所示的波士顿房价数据绘制普通箱线图与增强箱线图，如代码 4-39 所示。

代码 4-39　绘制普通箱线图与增强箱线图

```
In[54]:  fig, axes = plt.subplots(1, 2, figsize=(8, 4))
         axes[0].set_title('普通箱线图')
         boston['房间数(取整)'] = boston['房间数(间)'].map(math.floor)  # 对
         房间数取整
         sns.boxplot(x='房间数(取整)', y='房屋价格（千美元）',
                 data=boston, orient='v', ax=axes[0])  # 普通箱线图
         axes[1].set_title('增强箱线图')
         sns.boxenplot(x='房间数(取整)（个）', y='房屋价格',
                 data=boston, orient='v', ax=axes[1])  # 增强箱线图
         plt.show()
```

Out[54]:

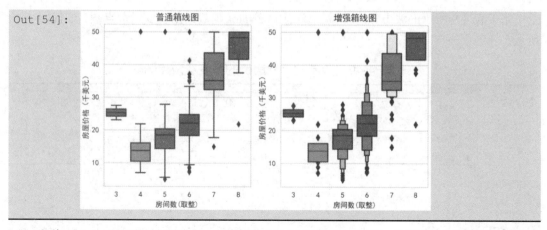

由代码 4-39 的运行结果可知：房间数目与房价有密切关系，房间数目少，房价低；房间数目多，则房价就明显升高。增强箱线图显示了更广的分位数，并通过宽度展示出对应的分布情况，从而接纳了更多的异常值信息，减少了信息损失。

4.3.5　绘制分类网格组合图

使用分类网格组合图可绘制出数据集中的成对关系。pairplot 函数将构建一个轴网络，以便每一个数值变量映射到具有多个轴的网格中的列和行。pairplot 函数的使用格式如下。

```
seaborn.pairplot(data, hue=None, hue_order=None, palette=None, vars=None,
x_vars=None, y_vars=None, kind='scatter', diag_kind='auto', markers=None,
height=2.5, aspect=1, corner=False, dropna=False, plot_kws=None, diag_kws=None,
grid_kws=None, size=None)
```

pairplot 函数通过 kind 参数选择要使用的绘图函数，通过 x_vars 和 y_vars 参数控制网格的行与列。其部分参数及其说明如表 4-18 所示。

表 4-18　pairplot 函数的部分参数及其说明

参数名称	说　　明
data	接收 DataFrame，表示用于绘图的数据集。无默认值
hue	接收 str，表示使用指定变量为分类变量画图。默认为 None
hue_order	接收 str，表示在调色板中确定色调变量的级别，默认为 None
palette	接收 dict、调色板，表示映射 hue 变量的颜色集。如果是字典，则键应为 hue 变量中的值，默认为 None
vars	接收 Numeric 类型的变量 list，表示 data 需要使用的变量。默认为 None
x_vars、y_vars	接收 Numeric 类型的变量 list，表示用于图的行和列。默认为 None
kind	接收 scatter、kde、hist、reg，表示选择绘图函数。默认为 scatter
height	接收 scalar，表示网格图的高度。默认为 2.5
aspect	接收 scalar，表示网格图的宽度。默认为 1
dropna	接收 boolean、optional，表示是否去除缺失值。默认为 False

基于表 4-9 所示的波士顿房价数据，使用 pairplot 函数绘制多变量散点图，如代码 4-40 所示。

代码 4-40　绘制波士顿房价的多变量散点图

```
In[55]:  sns.pairplot(boston[['犯罪率', '一氧化氮含量（ppm）', '房间数（间）',
         '低收入人群', '房屋价格（千美元）']])
         plt.suptitle('多变量散点图', verticalalignment='bottom', y=1)
         plt.show()
```

Out[55]:

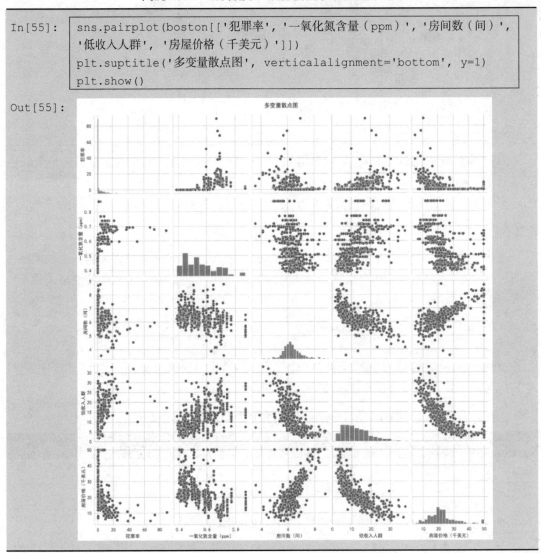

由代码 4-40 的运行结果可知犯罪率、一氧化氮含量、房间数、低收入人群、房屋价格几个字段两两之间的关系，并在主对角线上的图形中显示了犯罪率、一氧化氮含量、房间数、低收入人群、房屋价格的分布情况。

基于表 4-7 所示的人员离职率数据，根据销售部已离职的员工数据，绘制指定分类变量的散点图，如代码 4-41 所示。

代码 4-41　绘制指定分类变量的散点图

```
In[56]:  hr3 = sale[['满意度', '总项目数', '工龄（年）', '薪资']]
         sns.pairplot(hr3, hue='薪资')
```

```
plt.suptitle('多变量分类散点图', verticalalignment='bottom')
plt.show()
```

Out[56]:

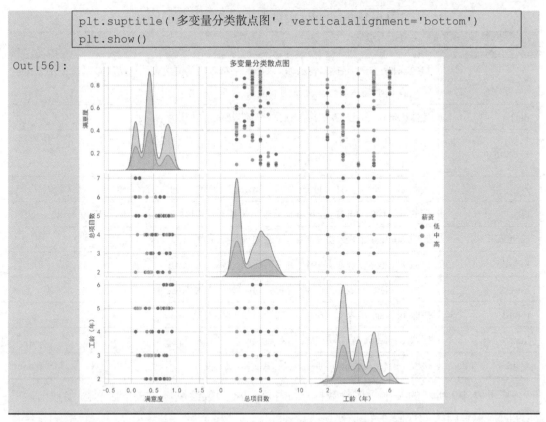

由代码 4-41 的运行结果可知指定分类变量后的满意度、总项目数、工龄 3 个字段两两之间的关系和分布情况。

4.4　绘制回归图

线性回归是利用数学统计中的回归分析确定两个或两个以上变量间相互依赖的定量关系的一种统计分析方法。在 seaborn 库中，常见的回归图包括线性回归拟合图、线性回归网格组合图。

4.4.1　绘制线性回归拟合图

在 seaborn 库中，可以使用 regplot 函数绘制线性回归拟合图。regplot 函数的基本使用格式如下。

```
seaborn.regplot(x=None, y=None, data=None, x_estimator=None, x_bins=None,
x_ci='ci', scatter=True, fit_reg=True, ci=95, n_boot=1000, units=None, order=1,
logistic=False, lowess=False, robust=False, logx=False, x_partial=None,
y_partial=None, truncate=False, dropna=True, x_jitter=None, y_jitter=None,
label=None, color=None, marker='o', scatter_kws=None, line_kws=None, ax=None)
```

regplot 函数的主要参数及其说明如表 4-19 所示。

表 4-19　regplot 函数的主要参数及其说明

参数名称	说　　明
x、y	接收 array、str、series，表示输入变量、字符串应该是 data 中对应的列名，使用 series 将会在轴上显示名称。默认为 None
data	接收 DataFrame，表示传入数据，列为特征。默认为 None
x_estimator	接收可调用的映射向量。应用每一个 x 值并绘制估计图形，如果输入 x_ci，将会绘制一个置信区间。默认为 None
x_ci	接收 ci、sd、0~100 的 int，表示离散值集中趋势的置信区间大小。默认为 ci
ci	接收 0~100 的 int，表示 y 轴置信区间大小。默认为 95
scatter	接收 boolean，表示是否绘制散点图。默认为 True
logistic	接收 boolean，表示是否使用逻辑回归。默认为 False
lowess	接收 boolean，表示是否使用局域回归。默认为 False
robust	接收 boolean，表示是否使用稳定回归。默认为 False
logx	接收 boolean，表示是否使用对数回归。默认为 False
x_jitter、y_jitter	接收 float，表示添加均匀随机噪声到 x 或 y 变量中，只改变图形外观。默认为 None

基于表 4-9 所示的波士顿房价数据，利用 regplot 函数绘制修改置信区间 ci 参数前后的线性回归拟合图，如代码 4-42 所示。

代码 4-42　绘制修改置信区间 ci 参数前后的线性回归拟合图

```
In[57]:    # 导库
           from matplotlib import pyplot as plt
           import pandas as pd
           import seaborn as sns

           # 设置中文字体
           sns.set_style('whitegrid', {'font.sans-serif':['simhei', 'Arial']})

           # 忽略警告
           import warnings
           warnings.filterwarnings('ignore')

           # 加载数据
           boston = pd.read_csv('../data/boston_house_prices.csv', encoding=
           'gbk')

           fig, axes = plt.subplots(1, 2, figsize=(8, 4))
           axes[0].set_title('修改前的线性回归拟合图')
           axes[1].set_title('修改后的线性回归拟合图')
           sns.regplot(x='房间数（间）', y='房屋价格（千美元）', data=boston,
           ax=axes[0])
```

```
sns.regplot(x='房间数（间）', y='房屋价格（千美元）', data=boston,
ci=50, ax=axes[1])
plt.show()
```

Out[57]:

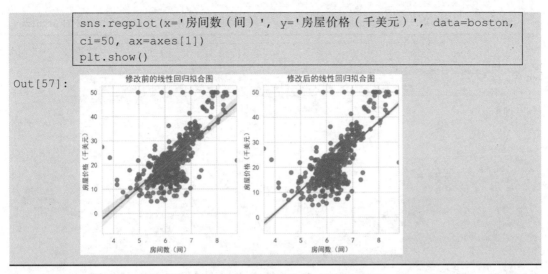

由代码 4-42 的运行结果可知房间数和房屋价格为线性相关。同时还可看出，修改置信区间 ci 参数前后所得到的线性回归拟合图仍保持一致的情况，但准确度不相同。

4.4.2 绘制线性回归网格组合图

在 seaborn 库中，可以使用 lmplot 函数绘制线性回归网格组合图。lmplot 函数与 regplot 函数有相似的使用格式。lmplot 函数的使用格式如下。

```
seaborn.lmplot(x=None, y=None, data=None, hue=None, col=None, row=None, palette=
None, col_wrap=None, height=5, aspect=1, markers='o', sharex=True, sharey=True,
hue_order=None, col_order=None, row_order=None, legend=True, legend_out=True,
x_estimator=None, x_bins=None, x_ci='ci', scatter=True, fit_reg=True, ci=95,
n_boot=1000, units=None, seed=None, order=1, logistic=False, lowess=False,
robust=False, logx=False, x_partial=None, y_partial=None, truncate=True,
x_jitter=None, y_jitter=None, scatter_kws=None, line_kws=None, size=None)
```

lmplot 函数将 regplot 函数与 FacetGrid 类结合，能够绘制 3 个变量的图形及修改全局高宽比，但是 lmplot 函数只能输入数据的特征名。lmplot 函数的常用参数及其说明如表 4-20所示。

表 4-20　lmplot 函数的常用参数及其说明

参数名称	说　　明
hue、col、row	接收 str，表示定义数据子集变量，将在不同构面上绘图。默认为 None
data	接收 DataFrame，表示传入数据，列为特征。默认为 None
palette	接收调色板名称、list、dict，表示用于 hue 变量的不同类别的颜色。默认为 None
height	接收 float，表示每个面的高度。默认为 5
aspect	接收 float，表示每个面的宽度。默认为 1
sharex、sharey	接收 boolean、col、row，表示是否共享 x 轴或 y 轴。默认为 True

基于表 4-9 所示的波士顿房价数据，以河流穿行为类别绘制低收入人群与房屋价格两个变量的回归网格组合图，如代码 4-43 所示。

代码 4-43　以河流穿行为类别绘制低收入人群与房屋价格两个变量的回归网格组合图

```
In[58]:   sns.lmplot(x='低收入人群', y='房屋价格（千美元）', col='河流穿行',
          data=boston)
          plt.show()
```

Out[58]:

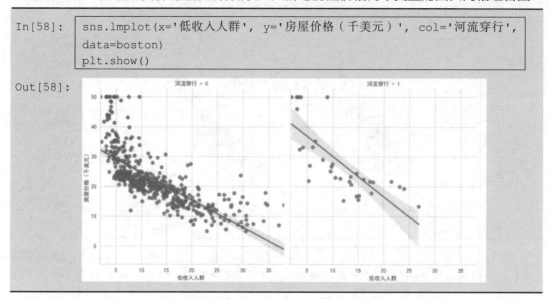

由代码 4-43 的运行结果可知：无论是否被河流穿过，变量"低收入人群"与变量"房屋价格"都呈现较密切的线性拟合趋势，并且绝大部分都分布在未被河流穿过的情况下。

小结

本章介绍了 seaborn 库的基础图形、绘图风格和调色板，并以各种数据为例，介绍了关系图、分类图、回归图的绘制方法。其中，关系图包括散点图、折线图、热力图、矩阵网格图、关系网格组合图；分类图包括条形图、单变量分布图、分类散点图、增强箱线图、分类网格组合图；回归图包括线性回归拟合图、线性回归网格组合图。

实训

实训 1　分析各空气质量指数之间的关系及其分布情况

1. 训练要点

（1）了解 scatterplot 函数的使用格式。

（2）掌握散点图的绘制方法。

（3）了解 stripplot 函数的使用格式。

（4）掌握分类散点图的绘制方法。

（5）了解 distplot 函数的使用格式。

（6）掌握单变量分布图的绘制方法。

（7）了解 regplot 函数的使用格式。

（8）掌握线性回归拟合图的绘制方法。

2. 需求说明

空气质量指数（Air Quality Index，AQI）简而言之就是能够对空气质量进行定量描述的数据。空气质量（Air Quality）的好坏反映了空气污染程度，它是依据空气中污染物浓度的高低来判断的。空气污染是一个复杂的现象，在特定的时间和地点，空气污染物浓度受到许多因素影响。

芜湖市 2020 年空气质量指数的部分数据如表 4-21 所示。

表 4-21　芜湖市 2020 年空气质量指数的部分数据

日期	AQI	质量等级	PM2.5含量（ppm）	PM10含量（ppm）	SO_2含量（ppm）	CO 含量（ppm）	NO_2含量（ppm）	O_3_8h含量（ppm）
2020/1/1	79	良好	58	64	8	0.7	57	23
2020/1/2	112	轻度	84	73	10	1	71	7
2020/1/3	68	良好	49	51	7	0.8	49	3
2020/1/4	90	良好	67	57	7	1.2	53	18
2020/1/5	110	轻度	83	65	7	1	51	46
2020/1/6	65	良好	47	58	6	1	43	6
2020/1/7	50	优秀	18	19	5	1.5	40	43
2020/1/8	69	良好	50	49	7	0.9	39	45
2020/1/9	69	良好	50	40	6	0.9	47	33
2020/1/10	57	良好	34	28	5	0.8	45	21

本实训将基于表 4-21 所示的数据绘制关系图、分类图、回归图，分析 PM2.5 与空气质量指数的关系，以及空气质量指数的分类和分布情况。

3. 实现步骤

（1）使用 pandas 库读取芜湖市 2020 年空气质量指数统计数据。

（2）解决中文字体的显示问题，设置字体为黑体，并解决保存图像时负号"–"显示为方块的问题。

（3）绘制 AQI 和 PM2.5 的关系散点图。

（4）绘制空气质量等级分类散点图。

（5）绘制空气质量等级单变量分布图。

（6）绘制 PM2.5 与 AQI 的线性回归拟合图。

实训 2　分析各空气质量指数与 AQI 的相关性

1. 训练要点

（1）了解 heatmap 函数的使用格式。

（2）掌握热力图的绘制方法。

2. 需求说明

由表 4-21 所示的数据可知，空气质量指数包括了 PM2.5、PM10、SO_2、CO、NO_2、

O_3_8h。不同的指数对 AQI 的影响不同。基于实训 1 的数据绘制热力图，分析各空气质量指数与 AQI 的相关性。

3．实现步骤

（1）使用 pandas 库读取芜湖市 2020 年空气质量指数统计数据。

（2）解决中文字体的显示问题，设置字体为黑体，并解决保存图像时负号"−"显示为方块的问题。

（3）计算相关系数。

（4）绘制特征相关性热力图。

第 5 章　pyecharts 交互式图形绘制

pyecharts 是一个将 Python 与 Echarts 相结合的强大的数据可视化库。pyecharts 库具有简洁的 API 设计，囊括 30 多种常见图表，支持主流 Notebook 环境，可轻松集成至 Flask、Django 等主流 Web 框架，是 Python 中应用较广的可视化库之一。本章将介绍 pyecharts 库绘图基础，以及利用 pyecharts 库绘制交互式基础图形、交互式高级图形、组合图形的方法。

学习目标

（1）了解 pyecharts 库绘图的基础知识。
（2）掌握交互式基础图形的绘制方法。
（3）掌握交互式高级图形的绘制方法。
（4）掌握组合图形的绘制方法。

5.1　pyecharts 绘图基础

pyecharts 库凭着良好的交互性、精巧的图表设计，得到了众多开发者的认可。使用 pyecharts 库绘制图形大致可以分为创建图形对象、添加数据、配置系列参数、配置全局参数、渲染图片 5 个步骤。

在 pyecharts 库中可以通过链式调用的方式设置初始配置项、系列配置项和全局配置项。

5.1.1　初始配置项

初始配置项是在初始化对象过程中进行配置的，可以设置画布的长与宽、网页标题、图表主题、背景颜色等。初始配置项是通过 options 模块中的 InitOpts 类实现的，可以将 init_opts 作为参数传递。InitOpts 类的使用格式如下。

```
class InitOpts(width='900px', height='500px', chart_id=None, renderer=Render
Type.CANVAS, page_title='Awesome-pyecharts', theme='white', bg_color=None,
js_host='', animation_opts=AnimationOpts())
```

InitOpts 类的部分参数及其说明如表 5-1 所示。

表 5-1　InitOpts 类的部分参数及其说明

参数名称	说　　明
width	接收 str，表示图表画布宽度。默认为 900px
height	接收 str，表示图表画布高度。默认为 500px
chart_id	接收 str，表示图表 ID，即图表唯一标识，可在多个图表合并时进行图表之间的区分。默认为 None
renderer	接收 str，表示渲染风格，可选 canvas 或 svg。默认为 RenderType.CANVAS
page_title	接收 str，表示网页标题。默认为 Awesome-pyecharts
theme	接收 str，表示图表主题。默认为 white
bg_color	接收 str，表示图表背景颜色。默认为 None

5.1.2　系列配置项

系列配置项是通过 set_series_opts()方法设置的，可以对文字样式配置项、标签配置项、线样式配置项、标记点配置项等进行配置。

1．文字样式配置项

文字样式配置项是通过 options 模块中的 TextStyleOpts 类实现的，可以将 text_style_opts 作为参数传递给 set_series_opts()方法。TextStyleOpts 类的基本使用格式如下。

```
class TextStyleOpts(color=None, font_style=None, font_weight=None, font_
family=None, font_size=None, align=None, vertical_align=None, line_height=None,
background_color=None, border_color=None, border_width=None, border_radius=
None, padding=None, shadow_color=None, shadow_blur=None, width=None, height=None,
rich=None)
```

TextStyleOpts 类的部分参数及其说明如表 5-2 所示。

表 5-2　TextStyleOpts 类的部分参数及其说明

参数名称	说　　明
color	接收 str，表示文字颜色。默认为 None
font_style	接收 str，表示文字字体风格，可选 normal、italic、oblique 等。默认为 None
font_weight	接收 str，表示文字字体的粗细，可选 normal、bold、bolder、lighter 等。默认为 None
font_family	接收 str，表示文字的字体系列。默认为 None
font_size	接收 numeric，表示文字的字体大小。默认为 None
align	接收 str，表示文字水平对齐方式。默认为 None
vertical_align	接收 str，表示文字垂直对齐方式。默认为 None
line_height	接收 str，表示行高。默认为 None
background_color	接收 str，表示文字块背景颜色。默认为 None

参数名称	说　明
border_color	接收 str，表示文字块边框颜色。默认为 None
border_width	接收 numeric，表示文字块边框宽度。默认为 None

2. 标签配置项

标签配置项是通过 options 模块中的 LabelOpts 类实现的，可以将 label_opts 作为参数传递给 set_series_opts()方法。LabelOpts 类的基本使用格式如下。

```
class LabelOpts(is_show=True, position='top', color=None, distance=None,
font_family=None, font_size=12, font_style=None, font_weight=None, rotate=None,
margin=8, interval=None, horizontal_align=None, vertical_align=None, formatter=
None, rich=None)
```

LabelOpts 类的部分参数名称及其说明如表 5-3 所示。

表 5-3　LabelOpts 类的部分参数名称及其说明

参数名称	说　明
is_show	接收 boolean，表示是否显示标签。默认为 True
position	接收 str、Sequence，表示标签的位置。默认为 top
color	接收 str，表示文字的颜色。默认为 None
font_family	接收 str，表示文字的字体系列。默认为 None
font_size	接收 numeric，表示文字的字体大小。默认为 12
font_weight	接收 str，表示文字字体的粗细，可选 normal、bold、bolder、lighter 等。默认为 None
rotate	接收 numeric，表示标签旋转角度，取值为-90°~90°。默认为 None
horizontal_align	接收 str，表示文字水平对齐方式，默认为 None

3. 线样式配置项

线样式配置项是通过 options 模块中的 LineStyleOpts 类实现的，可以将 line_style_opts 作为参数传递给 set_series_opts()方法。LineStyleOpts 类的基本使用格式如下。

```
class LineStyleOpts(is_show=True, width=1, opacity=1, curve=0, type_='solid',
color=None)
```

LineStyleOpts 类的参数及其说明如表 5-4 所示。

表 5-4　LineStyleOpts 类的参数及其说明

参数名称	说　明
is_show	接收 boolean，表示是否显示线。默认为 True
width	接收 numeric，表示线的宽度。默认为 1
opacity	接收 numeric，表示图形透明度，支持从 0~1 的数字。默认为 1

参数名称	说　明
curve	接收 numeric，表示线的弯曲度，0 表示完全不弯曲。默认为 0
type_	接收 str，表示线的类型，常用 solid、dashed、dotted 等。默认为 solid
color	接收 str，表示线的颜色。默认为 None

4. 标记点配置项

标记点配置项是通过 options 模块中的 MarkPointOpts 类实现的，可以将 markpoint_opts 作为参数传递给 set_series_opts()方法。MarkPointOpts 类的基本使用格式如下。

```
class MarkPointOpts(data=None, symbol=None, symbol_size=None, label_opts=
LabelOpts(position='inside', color='#fff'))
```

MarkPointOpts 类的参数及其说明如表 5-5 所示。

表 5-5　MarkPointOpts 类的参数及其说明

参数名称	说　明
data	接收 Sequence 对象，表示标记点数据。默认为 None
symbol	接收 str，表示标记的图形，提供的标记类型包括 circle、rect、roundrect、triangle、diamond、pin、arrow、None 等。默认为 None
symbol_size	接收 numeric，表示标记的大小，可以设置成单一的数字，如10；也可以使用数组分别表示宽和高，例如，[20,10]表示标记宽为 20，高为 10。默认为 None
label_opts	接收标签选项，表示标签配置项。默认为 LabelOpts(position='inside', color='#fff')

5.1.3　全局配置项

全局配置项是通过 set_global_opts()方法设置的，可以对标题配置项、图例配置项、坐标轴配置项等进行配置。

1. 标题配置项

标题配置项是通过 options 模块中的 TitleOpts 类实现的，可以将 title_opts 作为参数传递给 set_global_opts()方法。TitleOpts 类的基本使用格式如下。

```
class TitleOpts(title=None, title_link=None, title_target=None, subtitle=None,
subtitle_link=None, subtitle_target=None, pos_left=None, pos_right=None, pos_
top=None, pos_bottom=None, padding=5, item_gap=10, title_textstyle_opts=None,
subtitle_textstyle_opts=None)
```

TitleOpts 类的部分参数及其说明如表 5-6 所示。

表 5-6　TitleOpts 类的部分参数及其说明

参数名称	说　明
title	接收 str，表示主标题文本，支持使用\n 换行。默认为 None
title_link	接收 str，表示通过主标题跳转至 URL 链接。默认为 None

续表

参数名称	说　　明
title_target	接收 str，表示主标题跳转链接方式，可选 self、blank，self 表示用当前窗口打开，blank 表示用新窗口打开。默认为 None
subtitle	接收 str，表示副标题文本，支持使用\n 换行。默认为 None
subtitle_link	接收 str，表示通过副标题跳转至 URL 链接。默认为 None
subtitle_target	接收 str，表示副标题跳转链接方式。默认为 None
item_gap	接收 numeric，表示主副标题之间的间距。默认为 10
title_textstyle_opts	接收文本样式选项、dict、None，表示主标题字体样式配置项。默认为 None
subtitle_textstyle_opts	接收文本样式选项、dict、None，表示副标题字体样式配置项。默认为 None

2. 图例配置项

图例配置项是通过 options 模块中的 LegendOpts 类实现的，可以将 legend_opts 作为参数传递给 set_global_opts()方法。LegendOpts 类的基本使用格式如下。

```
class LegendOpts(type_=None, selected_mode=None, is_show=True, pos_left=None,
pos_right=None, pos_top=None, pos_bottom=None, orient=None, align=None,
padding=5, item_gap=10, item_width=25, item_height=14, inactive_color=None,
textstyle_opts=None, legend_icon=None)
```

LegendOpts 类的部分参数及其说明如表 5-7 所示。

表 5-7　LegendOpts 类的部分参数及其说明

参数名称	说　　明
type_	接收 str，表示图例的类型。可选 plain、scroll，plain 表示普通图例，scroll 表示可滚动翻页的图例。默认为 None
is_show	接收 boolean，表示是否显示图例组件。默认为 True
orient	接收 str，表示图例列表的布局朝向，可选 horizontal、vertical 等。默认为 None
item_gap	接收 int，表示图例每项之间的间隔。默认为 10
inactive_color	接收 str，表示图例关闭时的颜色。默认为 None
pos_left	接收 str、numeric，表示图例组件离容器左侧的距离。默认为 None
pos_right	接收 str、numeric，表示图例组件离容器右侧的距离。默认为 None
pos_top	接收 str、numeric，表示图例组件离容器上侧的距离。默认为 None
pos_bottom	接收 str、numeric，表示图例组件离容器下侧的距离。默认为 None

3. 坐标轴配置项

坐标轴配置项是通过 options 模块中的 AxisOpts 类实现的，可以将 xaxis_opts 或 yaxis_opts 作为参数传递给 set_global_opts()方法。AxisOpts 类的基本使用格式如下。

```
class AxisOpts(type_=None, name=None, is_show=True, is_scale=False, is_inverse=
False, name_location='end', name_gap=15, name_rotate=None, interval=None, grid_
index =0, position=None, offset=0, split_number=5, boundary_gap=None, min_=None,
max_=None, min_interval=0, max_interval=None, axisline_opts=None, axistick_
opts=None, axislabel_opts=None, axispointer_opts=None, name_textstyle_opts=
None, splitarea_opts=None, splitline_opts= SplitLineOpts(), minor_tick_opts=
None, minor_split_line_opts=None)
```

AxisOpts 类的部分参数及其说明如表 5-8 所示。

表 5-8　AxisOpts 类的部分参数及其说明

参数名称	说　　明
type_	接收 str，表示坐标轴类型。可选 value、category、time、log 等。value 表示数值轴，适用于连续数据；category 表示类目轴，适用于离散的类目数据；time 表示时间轴，适用于连续的时序数据；log 表示对数轴，适用于对数数据。默认为 None
name	接收 str，表示坐标轴名称。默认为 None
is_show	接收 boolean，表示是否显示 x 坐标轴。默认为 True
is_inverse	接收 boolean，表示是否反向坐标轴。默认为 False
name_gap	接收 numeric，表示坐标轴名称与轴线之间的距离。默认为 15
name_rotate	接收 numeric，表示坐标轴名称的旋转角度值。默认为 None
position	接收 str，表示 x 轴的位置，可选 top、bottom，top 表示在上侧，bottom 表示在下侧。默认为 None
split_number	接收 numeric，表示坐标轴的分割段数。默认为 5
min_	接收 str、numeric，表示坐标轴刻度最小值。默认为 None
max_	接收 str、numeric，表示坐标轴刻度最大值。默认为 None

5.2　绘制交互式基础图形

　　数据可视化对于数据描述和探索性分析至关重要。数据可视化是以图形或图表的形式将数据直观地展示出来，可以让人们快速理解数据，抓住数据的关键点。pyecharts 库可以快速高效地绘制交互式图形，其中包括条形图、散点图、折线图、箱线图、3D 散点图、饼图等基础图形。

5.2.1　绘制条形图

　　在 pyecharts 库中，可使用 Bar 类绘制条形图或柱形图。Bar 类的基本使用格式如下。

```
class Bar(init_opts=opts.InitOpts())
.add_xaxis(xaxis_data)
.add_yaxis(series_name, y_axis, is_selected=True, xaxis_index=None, yaxis_
index=None, is_legend_hover_link=True, color=None, is_show_background=False,
background_style=None, stack=None, bar_width=None, bar_max_width=None, bar_
min_width=None, bar_min_height=0, category_gap='20%', gap='30%', is_large=
False, large_threshold=400, dimensions=None, series_layout_by='column',
```

```
dataset_index=0, is_clip=True, z_level=0, z=2, label_opts=opts.LabelOpts(),
markpoint_opts=None, markline_opts=None, tooltip_opts=None, itemstyle_opts=
None, encode=None)
.set_series_opts()
.set_global_opts()
```

Bar 类的常用参数及其说明如表 5-9 所示。

表 5-9　Bar 类的常用参数及其说明

参数名称	说　　明
init_opts=opts.InitOpts()	表示设置初始配置项，参考 5.1.1 小节
add_xaxis()	表示添加 x 轴数据项
xaxis_data	接收 Sequence，表示 x 轴数据项。无默认值
add_yaxis()	表示添加 y 轴数据项
series_name	接收 str，表示系列名称，用于 tooltip 的显示、legend 的图例筛选。无默认值
y_axis	接收 numeric、opts.BarItem、dict 型序列数据，表示系列数据。无默认值
is_selected	接收 boolean，表示是否选中图例。默认为 True
xaxis_index	接收 numeric，表示使用的是 x 轴的 index，在单个图表实例中存在多个 x 轴的时候有用。默认为 None
yaxis_index	接收 numeric，表示使用的是 y 轴的 index，在单个图表实例中存在多个 y 轴的时候有用。默认为 None
is_legend_hover_link	接收 boolean，表示是否启用图例在 hover 时的联动高亮。默认为 True
color	接收 str，表示系列标签的颜色。默认为 None
is_show_background	接收 boolean，表示是否显示柱条的背景色。默认为 False
stack	接收 str，表示数据堆叠，同个类目轴上的系列配置相同的 stack 值可以堆叠放置。默认为 None
bar_width	接收 types.numeric、str，表示柱条的宽度，不设置时为自适应。可以是绝对值或百分数，如 40、60%。在同一个坐标系上，此属性会被多个 bar 系列共享。此属性设置于此坐标系中最后一个 bar 系列上才会生效，并且是对此坐标系中所有的 bar 系列生效。默认为 None
bar_max_width	接收 types.numeric、str，表示柱条的最大宽度。默认为 None
bar_min_width	接收 types.numeric、str，表示柱条的最小宽度。如在直角坐标系中，默认为 1；否则，默认为 None
bar_min_height	接收 types.numeric，表示柱条的最小高度，可用于防止某数据项的值过小而影响交互。默认为 0
category_gap	接收 numeric、str，表示同一系列的柱间距离。默认为 20%
set_series_opts()	表示设置系列配置项，参考 5.1.2 小节
set_global_opts()	表示设置全局配置项，参考 5.1.3 小节

商家 A 和商家 B 的各类商品的销售数据如表 5-10 所示。

表 5-10　商家 A 和商家 B 的各类商品的销售数据

商家	衬衫（件）	毛衣（件）	领带（条）	裤子（条）	风衣（件）	高跟鞋（双）	袜子（双）
商家 A	120	56	28	98	129	28	107
商家 B	60	140	153	145	160	70	54

基于表 5-10 所示的销售数据绘制柱形图，分析各类商品的销售分布情况，如代码 5-1 所示。

代码 5-1　绘制柱形图

```
In[1]:    import pandas as pd
          import numpy as np
          from pyecharts import options as opts
          from pyecharts.charts import Bar
          from pyecharts.globals import ThemeType
          from pyecharts.charts import Scatter
          from pyecharts.charts import Line
          from pyecharts.charts import Boxplot
          from pyecharts.charts import Scatter3D
          from pyecharts.charts import Pie

          data = pd.read_excel('../data/商家 A 和商家 B 的各类商品的销售数据.xlsx',
                        index_col='商家')
          init_opts  =  opts.InitOpts(width='1000px',  height='450px',
          theme=ThemeType.LIGHT)
          bar = (
              Bar(init_opts)
              .add_xaxis(data.columns.tolist())
              .add_yaxis('商家 A', data.loc['商家 A'].tolist())
              .add_yaxis('商家 B', data.loc['商家 B'].tolist())
              .set_global_opts(title_opts=opts.TitleOpts
              (title='商家 A 和商家 B 销售情况柱形图')))
          bar.render_notebook()
```

Out[1]:

代码 5-1 所示的柱形图可以直观展示商家 A 和商家 B 的销售情况，并便于对比同一类商品不同商家的销售差距。

当条目较多时，使用柱形图展示数据会显得较拥挤。此时，可以通过转置 x 轴和 y 轴来显示图形，即使用条形图展示数据。例如，基于表 5-10 所示的数据绘制条形图，如代码 5-2 所示。

代码 5-2　绘制条形图

```
In[2]:   init_opts = opts.InitOpts(width='800px', height='600px')
         bar = (
             Bar(init_opts)
                 .add_xaxis(data.columns.tolist())
                 .add_yaxis('商家A', data.loc['商家A'].tolist())
                 .add_yaxis('商家B', data.loc['商家B'].tolist())
                .reversal_axis()
                 .set_series_opts(label_opts=opts.LabelOpts(position='r
         ight'))
                 .set_global_opts(title_opts=opts.TitleOpts
                             (title='商家A和商家B销售情况条形图'),

         legend_opts=opts.LegendOpts(pos_right='20%'))
             )
         bar.render_notebook()
```

Out[2]: 商家A和商家B销售情况条形图

代码 5-2 所示的条形图可反映两个商家各商品的销售数量，直观地将商家 A 和商家 B 的销售情况反映在图中。

同时，也可以将柱形图堆叠起来显示，即堆叠柱形图。例如，基于表 5-10 所示的数据绘制堆叠柱形图，如代码 5-3 所示。

代码 5-3　绘制堆叠柱形图

```
In[3]:   init_opts = opts.InitOpts(width='800px', height='400px')
         bar = (
             Bar(init_opts)
                 .add_xaxis(data.columns.tolist())
```

```
              .add_yaxis('商家A', data.loc['商家A'].tolist(), stack='stack1',
                  label_opts=opts.LabelOpts(position='insideTop'))
              .add_yaxis('商家B', data.loc['商家B'].tolist(), stack='stack1',
                  label_opts=opts.LabelOpts(position='insideTop'))
              .set_global_opts(title_opts=opts.TitleOpts(
                  title='商家A和商家B销售情况堆叠柱形图'))
          )
    bar.render_notebook()
```

Out[3]:

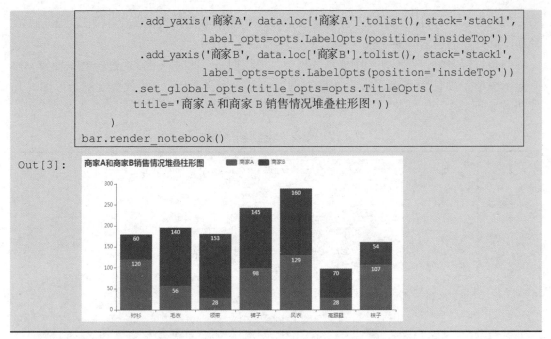

由代码 5-3 所示的堆叠柱形图可以看出商家 A 和商家 B 分别销售各类商品的数量，以及总共销售各类商品的数量。

通过设置系列配置项，可以在柱形图上标注最大值、最小值等。例如，基于表 5-10 所示的数据绘制标注了最大值、最小值的柱形图，如代码 5-4 所示。

代码 5-4 绘制标注了最大值、最小值的柱形图

```
In[4]:   init_opts = opts.InitOpts(width='800px', height='400px')
         bar = (
             Bar(init_opts)
                 .add_xaxis(data.columns.tolist())
                 .add_yaxis('商家A', data.loc['商家A'].tolist())
                 .add_yaxis('商家B', data.loc['商家B'].tolist())
                 .set_global_opts(title_opts=opts.TitleOpts(title='指定标
         记点的柱形图'))
                 .set_series_opts(
                     label_opts=opts.LabelOpts(is_show=False),
                     markpoint_opts=opts.MarkPointOpts(
                         data=[
                             opts.MarkPointItem(type_='max', name='最大值'),
                             opts.MarkPointItem(type_='min', name='最小值'),
                         ]
                     )
                 )
             )
         bar.render_notebook()
```

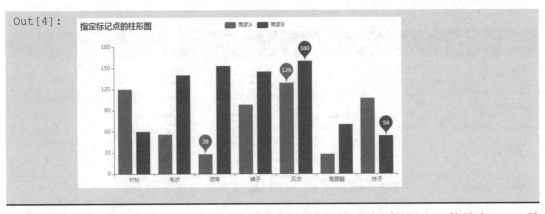

由代码 5-4 所示的柱形图可知：商家 A 销售最多的商品类别是风衣，数量为 129；最少的是领带，数量为 28。而商家 B 销售最多的商品类别是风衣，数量为 160；最少的是袜子，数量为 54。

5.2.2 绘制散点图

在 pyecharts 库中，可使用 Scatter 类绘制散点图。Scatter 类的基本使用格式如下。

```
class Scatter(init_opts=opts.InitOpts())
.add_xaxis(xaxis_data)
.add_yaxis(series_name, y_axis, is_selected=True, xaxis_index=None, yaxis_index=
None, color=None, symbol=None, symbol_size=10, symbol_rotate=None, label_opts=
opts.LabelOpts(position='right'), markpoint_opts=None, markline_opts=None,
markarea_opts=None, tooltip_opts=None, itemstyle_opts=None, encode=None)
.set_series_opts()
.set_global_opts()
```

Scatter 类的常用参数及其说明如表 5-11 所示。

表 5-11　Scatter 类的常用参数及其说明

参数名称	说　明
init_opts=opts.InitOpts()	表示设置初始配置项，参考 5.1.1 小节
add_xaxis()	表示添加 x 轴数据项
xaxis_data	接收 Sequence，表示 x 轴数据项。无默认值
add_yaxis()	表示添加 y 轴数据项
series_name	接收 str，表示系列名称，用于 tooltip 的显示、legend 的图例筛选。无默认值
y_axis	接收 Sequence 序列数据，表示系列数据。无默认值
is_selected	接收 boolean，表示是否选中图例。默认为 True
xaxis_index	接收 numeric，表示使用的是 x 轴的 index，在单个图表实例中存在多个 x 轴的时候有用。默认为 None
yaxis_index	接收 numeric，表示使用的是 y 轴的 index，在单个图表实例中存在多个 y 轴的时候有用。默认为 None

133

参数名称	说　　明
color	接收 str，表示系列标签的颜色。默认为 None
symbol	接收 str，表示标记的图形，可选的标记类型包括 circle、rect、roundrect、triangle、diamond、pin、arrow、None。默认为 None
symbol_size	接收 numeric，表示标记的大小，可以设置成单一的数字，如 10；也可以用数组分别表示宽和高，例如，[20, 10]表示标记宽为 20、高为 10。默认为 10
symbol_rotate	接收 types.numeric，表示标记的旋转角度。默认为 None
set_series_opts()	表示设置系列配置项，参考 5.1.2 小节
set_global_opts()	表示设置全局配置项，参考 5.1.3 小节

某地区部分儿童的身高和体重数据如表 5-12 所示。

表 5-12　某地区部分儿童的身高和体重数据

身高（m）	0.75	0.85	0.95	1.08	1.12	1.16	1.35	1.51	1.55	1.6	1.63	1.67
体重（kg）	10	12	15	17	20	22	35	42	48	50	51	54

基于表 5-12 所示的数据绘制散点图，观察体重和身高的关系，如代码 5-5 所示。

代码 5-5　绘制散点图

```
In[5]:   student_data = pd.read_excel('../data/儿童身高和体重数据.xlsx',
         header=None)
         student_data.set_index([0], inplace=True)
         c = (Scatter(init_opts=opts.InitOpts(width='700px', height='400px'))
           .add_xaxis(xaxis_data=student_data.loc['身高'].tolist())
           .add_yaxis('', y_axis=student_data.loc['体重'].tolist(),
         symbol_size=20,
                 label_opts=opts.LabelOpts(is_show=False))
           .set_global_opts(
             title_opts=opts.TitleOpts(title='体重与身高关系散点图',
         subtitle=''),
             xaxis_opts=opts.AxisOpts(
                 type_='value',
         splitline_opts=opts.SplitLineOpts(is_show=True),
                 name='身高'),
             yaxis_opts=opts.AxisOpts(name='体重',
                 type_='value',
                 axistick_opts=opts.AxisTickOpts(is_show=True),
                 splitline_opts=opts.SplitLineOpts(is_show=True),
             ),
             tooltip_opts=opts.TooltipOpts(is_show=False),
           ))
         c.render_notebook()
```

Out[5]:

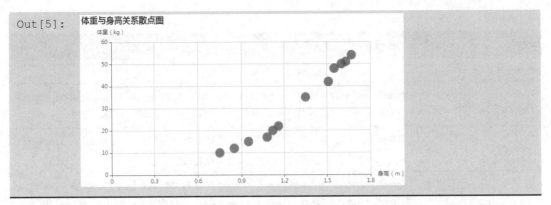

由代码 5-5 所示的散点图可知体重和身高成正比关系，身高越高，体重越重。

5.2.3　绘制折线图

在 pyecharts 库中，可使用 Line 类绘制折线图。Line 类的基本使用格式如下。

```
class Line(init_opts=opts.InitOpts())
.add_xaxis(xaxis_data)
.add_yaxis(series_name, y_axis, is_selected=True, is_connect_nones=False,
xaxis_index=None, yaxis_index=None, color=None, is_symbol_show=True, symbol=None,
symbol_size=4, stack=None, is_smooth=False, is_clip=True, is_step=False ,
is_hover_animation=True, z_level=0, z=0, markpoint_opts=None, markline_opts=None,
tooltip_opts=None, label_opts=opts.LabelOpts(), linestyle_opts=opts.LineStyleOpts(),
areastyle_opts=opts.AreaStyleOpts(), itemstyle_opts=None)
.set_series_opts()
.set_global_opts()
```

Line 类的常用参数及其说明如表 5-13 所示。

表 5-13　Line 类的常用参数及其说明

参数名称	说　　明
init_opts=opts.InitOpts()	表示设置初始配置项，参考 5.1.1 小节
add_xaxis()	表示添加 x 轴数据项
xaxis_data	接收 Sequence，表示 x 轴数据项。无默认值
add_yaxis()	表示添加 y 轴数据项
series_name	接收 str，表示系列名称，用于 tooltip 的显示、legend 的图例筛选。无默认值
y_axis	接收 types.Sequence 序列，表示系列数据。无默认值
is_selected	接收 boolean，表示是否选中图例。默认为 True
is_connect_nones	接收 boolean，表示是否连接空数据。当含有空数据时，使用 None 填充。默认为 False
xaxis_index	接收 numeric，表示使用的是 x 轴的 index，在单个图表实例中存在多个 x 轴的时候有用。默认为 None
yaxis_index	接收 numeric，表示使用的是 y 轴的 index，在单个图表实例中存在多个 y 轴的时候有用。默认为 None

续表

参数名称	说　明
color	接收 str，表示系列标签的颜色。默认为 None
is_symbol_show	接收 boolean，表示是否显示 symbol。如果为 False，那么只有在 tooltip hover 的时候显示。默认为 True
symbol	接收 str，表示标记的图形，可选标记类型包括 circle、rect、roundrect、triangle、diamond、pin、arrow、None。默认为 None
symbol_size	接收 numeric、Sequence，表示标记的大小，可以设置成单一的数字，如 10；也可以用数组分别表示宽和高，例如，[20, 10]表示标记宽为 20、高为 10。默认为 4
stack	接收 str，表示数据堆叠，同个类目轴上的系列配置相同的 stack 值可以堆叠放置。默认为 None
is_smooth	接收 boolean，表示是否平滑曲线。默认为 False
is_clip	接收 boolean，表示是否裁剪超出坐标系部分的图形。默认为 True
is_step	接收 boolean，表示是否显示成阶梯图。默认为 False
set_series_opts()	表示设置系列配置项，参考 5.1.2 小节
set_global_opts()	表示设置全局配置项，参考 5.1.3 小节

基于表 5-10 所示的商家 A 和商家 B 的各类商品的销售数据绘制折线图，如代码 5-6 所示。

代码 5-6　绘制折线图

```
In[6]:   line = (Line()
   .add_xaxis(data.columns.tolist())
   .add_yaxis('商家 A', data.loc['商家 A'].tolist(), is_smooth=
True)  # 设置平滑曲线
   .add_yaxis('商家 B', data.loc['商家 B'].tolist())
   .set_global_opts(title_opts=opts.TitleOpts(title='商家 A 和商家
B 销售情况折线图'))
   )  # 设置全局选项
line.render_notebook()
```

Out[6]:

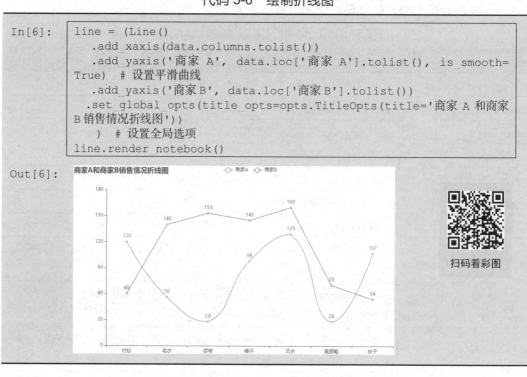

扫码看彩图

由代码 5-6 所示的折线图可知：商家 A 的曲线设置了参数 is_smooth=True，在显示时为光滑的曲线；而商家 B 的曲线没有进行设置，在显示时为不光滑的曲线。

面积图又称区域图，强调数量随时间而变化的程度，也可用于引起人们对总值趋势的注意。Line 类也可以绘制面积图，方法是在 add_yaxis 参数中设置区域填充样式配置项，即 options.AreaStyleOpts（opacity=0, color=None），其中 opacity 参数为图形透明度，支持从 0 ~ 1 的数字，为 0 时不绘制该图形；color 参数为填充的颜色。

基于表 5-10 所示的数据绘制面积图，如代码 5-7 所示。

代码 5-7　绘制面积图

```
In[7]:    line = (Line()
             .add_xaxis(data.columns.tolist())
             .add_yaxis('商家A', data.loc['商家A'].tolist(),
                      areastyle_opts=opts.AreaStyleOpts(opacity=0.5,
          color='red'))
             .add_yaxis('商家B', data.loc['商家B'].tolist(),
                      areastyle_opts=opts.AreaStyleOpts(opacity=0.6,
          color='blue'))
             .set_global_opts(title_opts=opts.TitleOpts(title='商家 A 和商家
          B 销售情况面积图'))
          # 设置全局选项
             )
          line.render_notebook()
```

Out[7]:

由代码 5-7 所示的面积图可知商家 B 的销售量总体的面积大于商家 A 的销售量总体的面积。

5.2.4　绘制箱线图

在 pyecharts 库中，可使用 Boxplot 类绘制箱线图。Boxplot 类的基本使用格式如下。

```
class Boxplot(init_opts=opts.InitOpts())
.add_xaxis(xaxis_data)
.add_yaxis(series_name, y_axis, is_selected=True, xaxis_index=None, yaxis_
index=None, label_opts=opts.LabelOpts(), markpoint_opts=opts.MarkPointOpts(),
```

Python 数据可视化实战

```
markline_opts=opts.MarkLineOpts(), tooltip_opts=None, itemstyle_opts=None)
.set_series_opts()
.set_global_opts()
```

Boxplot 类的常用参数及其说明如表 5-14 所示。

表 5-14　Boxplot 类的常用参数及其说明

参数名称	说　　明
init_opts=opts.InitOpts()	表示设置初始配置项，参考 5.1.1 小节
add_xaxis()	表示添加 x 轴数据项
xaxis_data	接收 Sequence，表示 x 轴数据项。无默认值
add_yaxis()	表示添加 y 轴数据项
series_name	接收 str，表示系列名称，用于 tooltip 的显示、legend 的图例筛选。无默认值
y_axis	接收 types.Sequence 序列数据，表示系列数据。无默认值
is_selected	接收 boolean，表示是否选中图例。默认为 True
xaxis_index	接收 numeric，表示使用的是 x 轴的 index，在单个图表实例中存在多个 x 轴的时候有用。默认为 None
yaxis_index	接收 numeric，表示使用的是 y 轴的 index，在单个图表实例中存在多个 y 轴的时候有用。默认为 None
set_series_opts()	表示设置系列配置项，参考 5.1.2 小节
set_global_opts()	表示设置全局配置项，参考 5.1.3 小节

某学校 3 年级 1 班、2 班、3 班、4 班的语文考试成绩如表 5-15 所示。

表 5-15　语文考试成绩

班　　级	成　　绩
1 班	68、99、46、77、94、40、79、20、88、89、76、92、95
2 班	79、88、35、57、78、69、78、99、75、46、88、87、89
3 班	91、82、63、86、77、78、32、96、80、86、64、67、96
4 班	72、82、45、100、67、89、90、90、89、69、79、91、92

基于表 5-15 所示的数据绘制考试成绩箱线图，如代码 5-8 所示。

代码 5-8　绘制考试成绩箱线图

```
In[8]:   # 绘制考试成绩箱线图
         chinese_data = pd.read_excel('../data/语文考试成绩.xlsx')
         chinese_data.set_index(['班级'], inplace=True)
         box = Boxplot(init_opts=opts.InitOpts(width='800px', height='400px'))
         box.add_xaxis(list(chinese_data.index))
         box.add_yaxis('', box.prepare_data([chinese_data.loc['1班'].tolist(),
```

138

```
                                         chinese_data.loc['2班'].tolist(),
                                         chinese_data.loc['3班'].tolist(),
                                         chinese_data.loc['4班'].tolist()]))
box.set_global_opts(title_opts=opts.TitleOpts(title='4 个班的考
试成绩箱线图'))
box.render_notebook()
```

Out[8]:

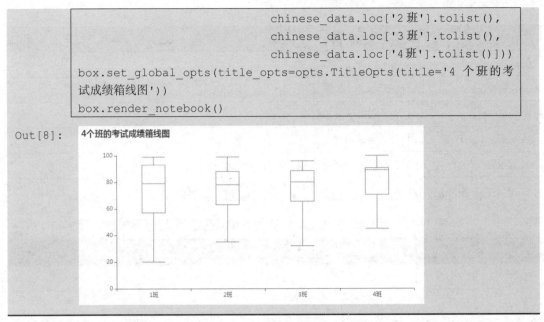

由代码 5-8 所示的箱线图可知：1、2、3 班的平均分差不多，而 4 班的平均分要明显高于其他 3 个班；1 班的最低分要明显低于其他 3 个班；4 个班的最高分基本上接近。

5.2.5 绘制 3D 散点图

3D 散点图（3D Scatter）与基本散点图类似，区别主要是 3D 散点图是在三维空间上的点图，而基本散点图是在二维平面上的点图。

在 pyecharts 库中，可使用 Scatter3D 类绘制 3D 散点图，Scatter3D 类的基本使用格式如下。

```
class Scatter3D(init_opts=opts.InitOpts())
.add(series_name, data, grid3d_opacity=1, shading=None, itemstyle_opts=None,
xaxis3d_opts=opts.Axis3DOpts(), yaxis3d_opts=opts.Axis3DOpts(), zaxis3d_opts=
opts.Axis3DOpts(), grid3d_opts=opts.Grid3DOpts(), encode=None)
.set_series_opts()
.set_global_opts()
```

Scatter3D 类的常用参数及其说明如表 5-16 所示。

表 5-16　Scatter3D 类的常用参数及其说明

参数名称	说　　明
init_opts=opts.InitOpts()	表示设置初始配置项，参考 5.1.1 小节
add()	表示添加数据
series_name	接收 str，表示图例名称。无默认值
data	接收 Sequence，表示系列数据，每一行是一个数据项，每一列属于一个维度。无默认值
grid3d_opacity	三维笛卡儿坐标系组的透明度（点的透明度），默认为 1，表示完全不透明

参数名称	说　　明
xaxis3d_opts	表示添加 x 轴数据项
yaxis3d_opts	表示添加 y 轴数据项
zaxis3d_opts	表示添加 z 轴数据项
set_series_opts()	表示设置系列配置项，参考 5.1.2 小节
set_global_opts()	表示设置全局配置项，参考 5.1.3 小节

某运动会各运动员的最大携氧能力、体重和运动后心率数据如表 5-17 所示。

表 5-17　运动员的最大携氧能力、体重和运动后心率数据

最大携氧能力（mL/min）	体重（kg）	运动后心率（次/分钟）
55.79	70.47	150
35.00	70.34	144
42.93	87.65	162
28.30	89.80	129
40.56	103.02	143

基于表 5-17 所示的数据绘制 3D 散点图，如代码 5-9 所示。

代码 5-9　绘制 3D 散点图

```
In[9]:    # 最大携氧能力、体重和运动后心率的 3D 散点图
          player_data = pd.read_excel('../data/运动员的最大携氧能力、体重和运
          动后心率数据.xlsx')
          player_data = [player_data['体重（kg）'], player_data['运动后心率
          （次/分钟）'],
                        player_data['最大携氧能力（mL/min）']]
          player_data = np.array(player_data).T.tolist()
          s = (Scatter3D()
            .add('', player_data, xaxis3d_opts=opts.Axis3DOpts(name='体重'),
                yaxis3d_opts=opts.Axis3DOpts(name='运动后心率'),
                zaxis3d_opts=opts.Axis3DOpts(name='最大携氧能力')
              )
            .set_global_opts(title_opts=opts.TitleOpts(
                title='最大携氧能力、体重和运动后心率 3D 散点图'),
                          visualmap_opts=opts.VisualMapOpts(range_color=[
                              '#1710c0', '#0b9df0', '#00fea8', '#00ff0d',
                              '#f5f811', '#f09a09', '#fe0300']), ))
          s.render_notebook()
```

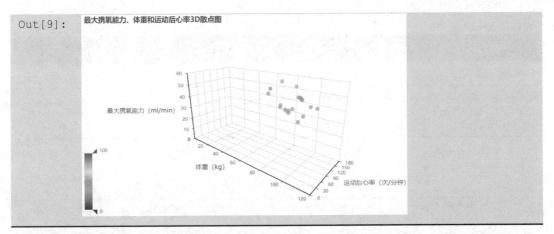

由代码 5-9 所示的 3D 散点图可知 x 轴为体重，y 轴为最大携氧能力，z 轴为运动后心率。

5.2.6　绘制饼图

在 pyecharts 库中，可使用 Pie 类绘制饼图。Pie 类的基本使用格式如下。

```
class Pie(init_opts=opts.InitOpts())
.add(series_name, data_pair, color=None, radius=None, center=None, rosetype=
None, is_clockwise=True , label_opts=opts.LabelOpts() , tooltip_opts=None ,
itemstyle_opts=None, encode=None)
.set_series_opts()
.set_global_opts()
```

Pie 类常用参数及其说明如表 5-18 所示。

表 5-18　Pie 类常用参数及其说明

参数名称	说　　明
init_opts=opts.InitOpts()	表示设置初始配置项，参考 5.1.1 小节
add()	表示添加数据
series_name	接收 str，表示系列名称，用于 tooltip 的显示、legend 的图例筛选。无默认值
data_pair	接收 types.Sequence 序列，表示系列数据项，格式为[(key1, value1), (key2, value2)]。无默认值
color	接收 str，表示系列标签的颜色。默认为 None
radius	接收 Sequence，表示饼图的半径，数组的第一项是内半径，第二项是外半径。默认为 None
center	接收 Sequence，表示饼图的中心（圆心）坐标，数组的第一项是横坐标，第二项是纵坐标，默认设置为百分比形式。当设置为百分比形式时，第一项是相对于容器的宽度，第二项是相对于容器的高度。默认为 None
rosetype	接收 str，表示是否展示成南丁格尔图，通过半径区分数据大小，有 radius 和 area 两种模式。radius 表示使用扇区圆心角展现数据的百分比，使用半径展现数据的大小；area 表示所有扇区圆心角相同，仅通过半径展现数据大小。默认为 None

参数名称	说　　明
is_clockwise	接收 boolean，表示饼图的扇区是否是顺时针排布。默认为 True
set_series_opts()	表示设置系列配置项，参考 5.1.2 小节
set_global_opts()	表示设置全局配置项，参考 5.1.3 小节

基于表 5-10 所示的数据绘制商家 B 销售情况饼图，如代码 5-10 所示。

代码 5-10　绘制商家 B 销售情况饼图

| In[10]: | ```
# 设置标签项
pie = (Pie()
    .add('', [list(z) for z in zip(data.columns.tolist(),data.loc
['商家B'].tolist())])
    .set_global_opts(title_opts=opts.TitleOpts(title='商家B销
售情况饼图'))
    .set_series_opts(label_opts=opts.LabelOpts(formatter='{b
}:{c} ({d}%)'))
)
pie.render_notebook()
``` |
|---|---|
| Out[10]: | 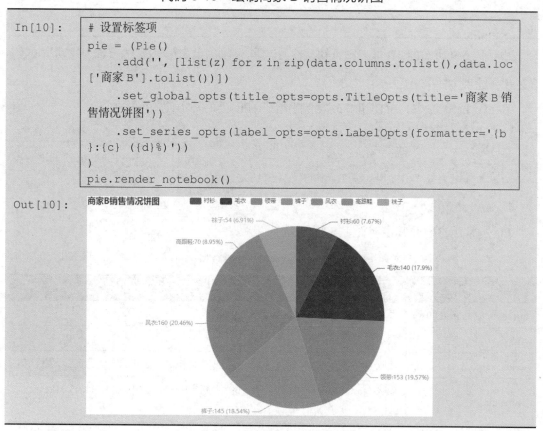 |

由代码 5-10 所示的饼图可知：商家 B 的各类商品销量中风衣的数量占比最大，占到了 20.46%，而袜子只占了 6.91%。

环形图（Circular Sector Graph）与饼图类似，但又有区别。环形图的中间有一个空洞，每个样本都用一个环来表示，样本中的每一部分数据都用环中的一段表示。读者可以通过在代码 5-10 的 add 函数中增加 radius 参数来绘制环形图，如代码 5-11 所示。

代码 5-11　绘制环形图

| In[11]: | ```
# 设置标签项
pie = (Pie(init_opts=opts.InitOpts(width='810px', height='400px'))
    .add('', [list(z) for z in zip(data.columns.tolist(),
``` |
|---|---|

```
                     data.loc['商家 B'].tolist())], radius=[20,100])
        .set_global_opts(title_opts=opts.TitleOpts(title='商家 B 销
售情况环形图'))
         .set_series_opts(label_opts=opts.LabelOpts(formatter='{b
}:{c} ({d}%)'))
)
pie.render_notebook()
```

Out[11]: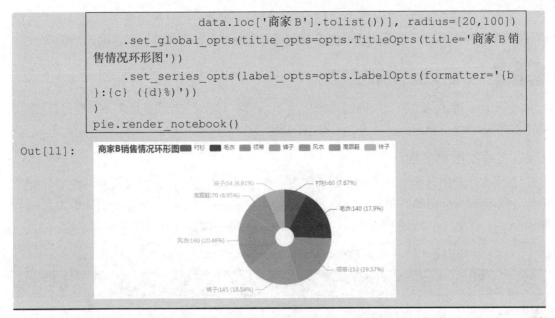

　　由代码 5-11 所示的环形图可知：商家 B 的各类商品销量中风衣占到了 20.46%，而袜子只占了 6.91%。

　　玫瑰图（Rose Graph）又称为极面积图，使用圆弧的半径表示数据量。读者可以通过 Pie 类绘制玫瑰图，只需要在代码 5-11 的 add 函数中设置 rosetype 参数即可完成玫瑰图的绘制，如代码 5-12 所示。

代码 5-12　绘制玫瑰图

```
In[12]:   # 设置标签项
          pie = (Pie(init_opts=opts.InitOpts(width='810px', height='400px'))
              .add('', [list(z) for z in zip(data.columns.tolist(),
                                    data.loc['商家 B'].tolist())],
                  rosetype='radius', radius=[20, 100])
              .set_global_opts(title_opts=opts.TitleOpts(title='商家 B 销售
          情况玫瑰图'))
               .set_series_opts(label_opts=opts.LabelOpts(formatter='{b}:
          {c} ({d}%)'))
          )
          pie.render_notebook()
```

Out[12]:

虽然玫瑰图反映的比例关系与饼图、环形图是一致的，但其通过扇区圆心角展现数据所占百分比的直观显示方式，可以让读者一目了然地看出各组成部分所占的比例关系。

5.3 绘制交互式高级图形

pyecharts 除了能绘制交互式基础图形之外，还可以绘制交互式高级图形，如层叠多图、漏斗图、热力图、词云图、关系图、桑基图等。

5.3.1 绘制层叠多图

在同一个绘图区域绘制不同类型的图表，即绘制层叠多图，如同时绘制散点图和折线图、条形图和折线图等。在 pyecharts 库中，使用 overlap() 方法可以将多个图形叠加在一个视图区内。某地 1~12 月的蒸发量、降水量、平均温度的部分数据如表 5-19 所示。

表 5-19　1~12 月的蒸发量、降水量、平均温度的部分数据

月份	蒸发量（mm）	降水量（mm）	平均温度（℃）
1 月	2	2.6	2
2 月	4.9	5.9	2.2
3 月	7	9	3.3
4 月	23.2	26.4	4.5
5 月	25.6	28.7	6.3

基于表 5-19 所示的数据，绘制 1~12 月的蒸发量、降水量、平均温度分布图，要求将蒸发量、降水量、绘制成条形图，将平均温度绘制成折线图，并将两种图形进行叠加，如代码 5-13 所示。

代码 5-13　绘制叠加的条形图和折线图

```
In[13]:   from pyecharts import options as opts
          from pyecharts.charts import Bar, Line
          import pandas as pd
          from pyecharts.charts import Scatter
          from pyecharts.charts import Funnel
          from pyecharts.charts import HeatMap
          from pyecharts.charts import WordCloud
          from pyecharts.charts import Graph
          from pyecharts.charts import Sankey

          data = pd.read_excel('../data/1~12 月的蒸发量、降水量、平均温度数据.
          xlsx')
          bar = (
              Bar()
              .add_xaxis(data['月份'].tolist())
              .add_yaxis('蒸发量', data['蒸发量'].tolist())
              .add_yaxis('降水量', data['降水量'].tolist())
```

```
    .set_series_opts(label_opts=opts.LabelOpts(is_show=False))
    .set_global_opts(
        xaxis_opts=opts.AxisOpts(name='月份', name_location='center',
name_gap=25),
        title_opts=opts.TitleOpts(title='叠加条形图和折线图'),
        yaxis_opts=opts.AxisOpts(
            name='蒸发量/降水量（mm）',name_location = 'center',
name_gap = 50,
            axislabel_opts=opts.LabelOpts(formatter='{value}')),
    )
    .extend_axis(
        yaxis=opts.AxisOpts(
            name='平均温度(℃)',name_location = 'center',name_gap = 55,
            axislabel_opts=opts.LabelOpts(formatter='{value}'),
interval=2.5
        )
    )
)
line = Line().add_xaxis(data['月份'].tolist()).add_yaxis('平均温度',
                                    data['平均温度'].tolist(),
                                    yaxis_index=1)
bar.overlap(line)
bar.render_notebook()
```

Out[13]:

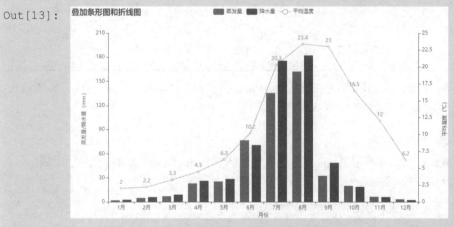

在代码 5-13 所示的叠加条形图和折线图中，左边的坐标轴显示的是蒸发量和降水量，而右边的坐标轴显示的一年中的平均温度，它可以直观地展示三者随时间的变化而变化的情况。

基于表 5-10 所示的数据绘制散点图和折线图，并进行叠加，如代码 5-14 所示。

代码 5-14　绘制叠加的散点图和折线图

In[14]:
```
data = pd.read_excel('../data/商家A和商家B的各类商品的销售数据.xlsx',
                index_col='商家')
line = (Line(init_opts=opts.InitOpts(width='800px', height='310px'))
```

```
        .add_xaxis(data.columns.tolist())
        .add_yaxis('商家 A', data.loc['商家 A'].tolist())
        .add_yaxis('商家 B', data.loc['商家 B'].tolist())
        )
scatter = (
    Scatter(init_opts=opts.InitOpts(width='800px',
height='310px'))
        .add_xaxis(data.columns.tolist())
        .add_yaxis('商家 A', data.loc['商家 A'].tolist(),
                label_opts=opts.LabelOpts(is_show=False),
                symbol_size=10, symbol='diamond')
        .add_yaxis('商家 B', data.loc['商家 B'].tolist(),
                label_opts=opts.LabelOpts(is_show=False),
                symbol_size=10, symbol='pin')
        .set_global_opts(title_opts=opts.TitleOpts(title='叠加散点图
和折线图')))
scatter.overlap(line)
scatter.render_notebook()
```

Out[14]:

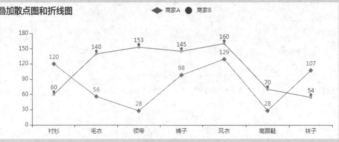

由代码 5-14 所示的叠加散点图和折线图可知：在折线图的基础上添加不同形式的散点，可以更好地区分商家 A 和商家 B 的折线图。

5.3.2 绘制漏斗图

在 pyecharts 库中，可使用 Funnel 类绘制漏斗图。Funnel 类的基本使用格式如下。

```
class Funnel(init_opts=opts.InitOpts())
.add(series_name, data_pair, is_selected=True, color=None, sort_='descending',
gap=0, label_opts=opts.LabelOpts(), tooltip_opts=None, itemstyle_opts=None)
.set_series_opts()
.set_global_opts()
```

Funnel 类的常用参数及其说明如表 5-20 所示。

表 5-20　Funnel 类的常用参数及其说明

参数名称	说　　明
init_opts=opts.InitOpts()	表示设置初始配置项，参考 5.1.1 小节
add()	表示添加数据
series_name	接收 str，表示系列名称，用于 tooltip 的显示、legend 的图例筛选。无默认值

续表

参数名称	说　明
data_pair	接收 Sequence，表示系列数据项，格式为[(key1, value1), (key2, value2)]。无默认值
is_selected	接收 boolean，表示是否选中图例。默认为 True
color	接收 str，表示系列标签的颜色。默认为 None
sort_	接收 str，表示数据排序，可选 ascending、descending、None（按 data 顺序）。默认为 descending
gap	接收 numeric，表示数据图形的间距。默认为 0
set_series_opts()	表示设置系列配置项，参考 5.1.2 小节
set_global_opts()	表示设置全局配置项，参考 5.1.3 小节

某淘宝店铺的订单转化率统计数据如表 5-21 所示。

表 5-21　某淘宝店铺的订单转化率统计数据

网购环节	人　数
浏览商品	2000
加入购物车	900
生成订单	400
支付订单	320
完成交易	300

基于表 5-21 所示的数据绘制漏斗图，如代码 5-15 所示。

代码 5-15　绘制漏斗图

```
In[15]:    data = pd.read_excel('../data/某淘宝店铺的订单转化率统计数据.xlsx')
           x_data = data['网购环节'].tolist()
           y_data = data['人数'].tolist()
           data = [[x_data[i], y_data[i]] for i in range(len(x_data))]
           funnel = (Funnel()
               .add('', data_pair=data,label_opts=opts. LabelOpts(
                   position='inside', formatter="{b}:{d}%"), gap=2,
                   tooltip_opts=opts.TooltipOpts(trigger='item'),
                   itemstyle_opts=opts.ItemStyleOpts(border_color='#fff',
           border_width=1))
               .set_global_opts(title_opts=opts.TitleOpts(title='某淘宝店铺
           的订单转化率漏斗图'),

           legend_opts=opts.LegendOpts(pos_left='40%')))
           funnel.render_notebook()
```

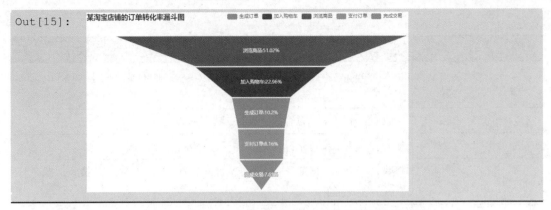

Out[15]:

代码 5-15 所示的漏斗图可以直观地显示各个网购环节的转化率情况。

5.3.3 绘制热力图

在 pyecharts 库中，可使用 HeatMap 类绘制热力图。HeatMap 类的基本使用格式如下。

```
class HeatMap(init_opts=opts.InitOpts())
.add_xaxis()
.add_yaxis(series_name, yaxis_data, value, is_selected=True, xaxis_index=None,
yaxis_index=None, label_opts=opts.LabelOpts(), markpoint_opts=None, markline_
opts=None, tooltip_opts=None, itemstyle_opts=None)
.set_series_opts()
.set_global_opts()
```

HeatMap 类的常用参数及其说明如表 5-22 所示。

表 5-22　HeatMap 类的常用参数及其说明

参数名称	说　　明
init_opts=opts.InitOpts()	表示设置初始配置项，参考 5.1.1 小节
add_xaxis()	表示添加 x 轴数据
add_yaxis	表示添加 y 轴数据
series_name	接收 str，表示系列名称，用于 tooltip 的显示、legend 的图例筛选。无默认值
yaxis_data	接收 types.Sequence，表示 y 轴数据项。无默认值
value	接收 types.Sequence，表示系列数据项。无默认值
is_selected	接收 boolean，表示是否选中图例。默认为 True
xaxis_index	接收 numeric，表示使用的是 x 轴的 index，在单个图表实例中存在多个 x 轴的时候有用。默认为 None
yaxis_index	接收 numeric，表示使用的是 y 轴的 index，在单个图表实例中存在多个 y 轴的时候有用。默认为 None
set_series_opts()	表示设置系列配置项，参考 5.1.2 小节
set_global_opts()	表示设置全局配置项，参考 5.1.3 小节

某网站某周每一天（24h）的点击量部分数据如表 5-23 所示。

表 5-23　某网站某周每一天（24h）的点击量部分数据

时间	星期一	星期二	星期三	星期四	星期五	星期六	星期日
1	3	63	3	50	78	74	92
2	43	40	5	39	9	32	46
3	57	55	71	39	26	3	48
4	43	73	86	37	36	96	52
5	99	58	80	97	30	53	37

基于表 5-23 所示的点击量数据绘制热力图，如代码 5-16 所示。

代码 5-16　绘制热力图

```
In[16]:  data = pd.read_excel('../data/heatmap.xlsx', index_col=0)

         y_data = list(data.columns)
         x_data = list(data.index)
         values = data.iloc[: , 0: 7].values.tolist()
         value = [[i, j, values[i][j]]for i in range(len(x_data)) for j in
         range(len(y_data)) ]
         heatmap = (
             HeatMap()
             .add_xaxis(x_data)
             .add_yaxis(
                 '',
                 y_data,
                 value,
                 label_opts=opts.LabelOpts(is_show=True,
         position='inside'),
             )
             .set_global_opts(
                 title_opts=opts.TitleOpts(title='网站点击量热力图'),
                 visualmap_opts=opts.VisualMapOpts(pos_bottom='center'),
             )
         )
         heatmap.render_notebook()
```

Out[16]:

网站点击量热力图

代码 5-16 所示的热力图直观地展现了数据的差异性。特别是当面对庞大的数据时，热力图可以一目了然地展现数据的分布情况或差异情况。

5.3.4 绘制词云图

在 pyecharts 库中，可使用 WordCloud 类绘制词云图。WordCloud 类的基本使用格式如下。

```
class WordCloud(init_opts=opts.InitOpts())
.add(series_name, data_pair, shape='circle', mask_image=None, word_gap=20,
word_size_range=None, rotate_step=45, pos_left=None, pos_top=None, pos_right=
None, pos_bottom=None, width=None, height=None, is_draw_out_of_bound=False,
tooltip_opts=None, textstyle_opts=None, emphasis_shadow_blur=None, emphasis_
shadow_color=None)
.set_series_opts()
.set_global_opts()
```

WordCloud 类的常用参数及其说明如表 5-24 所示。

表 5-24　WordCloud 类的常用参数及其说明

参数名称	说　　明
init_opts=opts.InitOpts()	表示设置初始配置项，参考 5.1.1 小节
add()	表示添加数据
series_name	接收 str，表示系列名称，用于 tooltip 的显示、legend 的图例筛选。无默认值
data_pair	接收 Sequence，表示系列数据项，形如[(word1, count1), (word2, count2)]。无默认值
shape	接收 str，表示词云图轮廓，可选 circle、cardioid、diamond、triangle-forward、triangle、pentagon。默认为 circle
mask_image	接收 str，表示自定义的图片（目前支持 JPG、JPEG、PNG、ICO 等格式）。默认为 None
word_gap	接收 numeric，表示单词间隔。默认为 20
word_size_range	接收 numeric 序列，表示单词字体大小范围。默认为 None
rotate_step	接收 numeric，表示单词旋转角度。默认为 45
pos_left	接收 str，表示到左侧的距离。默认为 None
pos_top	接收 str，表示到顶部的距离。默认为 None
pos_right	接收 str，表示到右侧的距离。默认为 None
pos_bottom	接收 str，表示到底部的距离。默认为 None
width	接收 str，表示词云图的宽度。默认为 None
height	接收 str，表示词云图的高度。默认为 None
is_draw_out_of_bound	接收 boolean，表示是否允许词云图的数据展示在画布范围之外。默认为 False
set_series_opts()	表示设置系列配置项，参考 5.1.2 小节
set_global_opts()	表示设置全局配置项，参考 5.1.3 小节

在绘制词云图前，需要统计各词的词频。例如，基于统计的部分宋词词频数据绘制词云图，如代码 5-17 所示。

代码 5-17　绘制词云图

```
In[17]:    data_read = pd.read_csv('../data/wordcloud.csv', encoding='gbk')
           words = list(data_read['词语'].values)
           num = list(data_read['频数'].values)
           data = [k for k in zip(words, num)]
           data = [(i,str(j)) for i, j in data]
           wordcloud = (WordCloud()
                   .add(series_name='词统计', data_pair=data, word_size_
           range=[10, 100])
                   .set_global_opts(title_opts=opts.TitleOpts(
                       title='部分宋词词频词云图', title_textstyle_opts=
                       opts.TextStyleOpts(font_size=23)),
                               tooltip_opts=opts.TooltipOpts(is_show=True))
               )
           wordcloud.render_notebook()
```

Out[17]：　**部分宋词词频词云图**

由代码 5-17 所示的词云图可知宋词中使用"东风""人间""何处"的次数相对较多。

5.3.5　绘制关系图

在 pyecharts 库中，可使用 Graph 类绘制关系图。Graph 类的基本使用格式如下。

```
class Graph(init_opts=opts.InitOpts())
.add(series_name, nodes, links, categories=None, is_selected=True, is_focusnode=
True, is_roam=True, is_draggable=False, is_rotate_label=False, layout='force',
symbol=None, symbol_size=10, edge_length=50, gravity=0.2, repulsion=50, edge_
label=None, edge_symbol=None, edge_symbol_size=10, label_opts=opts.LabelOpts(),
linestyle_opts=opts.LineStyleOpts(), tooltip_opts=None, itemstyle_opts=None)
.set_series_opts()
.set_global_opts()
```

Graph 类的常用参数及其说明如表 5-25 所示。

表 5-25　Graph 类的常用参数及其说明

参数名称	说　　明
init_opts=opts.InitOpts()	表示设置初始配置项，参考 5.1.1 小节
add()	表示添加数据
series_name	接收 str，表示系列名称，用于 tooltip 的显示、legend 的图例筛选。无默认值
nodes	接收 Sequence，表示关系图节点数据项列表。无默认值
links	接收 Sequence，表示关系图节点间关系数据项列表。无默认值
categories	接收 Sequence，表示关系图节点分类的类目列表。默认为 None
is_selected	接收 boolean，表示是否选中图例。默认为 True
is_roam	接收 boolean，表示是否开启鼠标缩放和平移漫游功能。默认为 True
is_draggable	接收 boolean，表示节点是否可拖曳，只在使用力引导布局的时候有用。默认为 False
is_rotate_label	接收 boolean，表示是否旋转标签。默认为 False
layout	接收 str，表示图的布局，可选 None、circular、force。None 表示不采用任何布局，使用节点中提供的 x、y 作为节点的位置；circular 表示采用环形布局；force 表示采用力引导布局。默认为 force
symbol	接收 str，表示关系图节点标记的图形，提供的标记类型包括 circle、rect、roundrect、triangle、diamond、pin、arrow、None。默认为 None
symbol_size	接收 types.numeric，表示关系图节点标记的大小，可以设置单一的数字，如 1；也可以用数组分别表示宽和高，例如，[20, 10]表示标记宽为 20、高为 10。默认为 10
edge_length	接收 numeric，表示边的两个节点之间的距离。默认为 50
gravity	接收 numeric，表示节点受到的向中心的引力因子，该值越大，节点越往中心点靠拢。默认为 0.2
repulsion	接收 numeric，表示节点之间的斥力因子。默认为 50
edge_label	接收 types.Label，表示关系图节点边的 Label 配置（即在边上显示数据或标注的配置）。默认为 None
edge_symbol	接收 str，表示边两端的标记类型，可以是一个数组分别指定两端的标记类型，也可以是单个值统一指定标记类型。默认为 None
edge_symbol_size	接收 numeric，表示边两端的标记大小，可以是一个数组分别指定两端的标记大小，也可以是单个值统一指定标记大小。默认为 10
set_series_opts()	表示设置系列配置项，参考 5.1.2 小节
set_global_opts()	表示设置全局配置项，参考 5.1.3 小节

某公司销售部的部分员工微信好友关系数据如表5-26所示。

表5-26 部分员工微信好友关系数据

目标人物	其他人物	关系
周建	[贺芳, 吴大, 张三, 刘霞]	[夫妻,同事,同学,同学]
黄婧	[张三, 刘霞]	[朋友,同事]
文华	[刘霞, 吴大]	[夫妻,同事]

基于表5-26的部分员工微信好友关系绘制关系图，如代码5-18所示。

代码5-18 绘制关系图

```
In[18]:    # 绘制微信好友关系图
           # 节点
           nodes = [opts.GraphNode(name='张三', symbol='circle', symbol_size=10),
                    opts.GraphNode(name='吴大', symbol='pin', symbol_size=10),
                    opts.GraphNode(name='贺芳', symbol='pin', symbol_size=10),
                    opts.GraphNode(name='刘霞', symbol='circle', symbol_size=10),
                    opts.GraphNode(name='黄婧', symbol='circle', symbol_size=10),
                    opts.GraphNode(name='周建', symbol='circle', symbol_size=10),
                    opts.GraphNode(name='文华', symbol='circle', symbol_size=10)]
           # 关系
           links = [opts.GraphLink(source='周建', target='贺芳', value='夫妻'),
                    opts.GraphLink(source='周建', target='吴大', value='同事'),
                    opts.GraphLink(source='周建', target='张三', value='同学'),
                    opts.GraphLink(source='黄婧', target='张三', value='朋友'),
                    opts.GraphLink(source='黄婧', target='刘霞', value='同事'),
                    opts.GraphLink(source='文华', target='刘霞', value='夫妻'),
                    opts.GraphLink(source='文华', target='吴大', value='同事'),
                    opts.GraphLink(source='周建', target='刘霞', value='同学')
                    ]
           # 绘图
           graph = (Graph()
                    .add(series_name='',
                         nodes=nodes,
                         is_roam=False,
                         is_rotate_label=True,
                         links=links, repulsion=4000, edge_label=opts.LabelOpts(
                             is_show=True, position='middle', formatter='{c}'))
                    .set_global_opts(title_opts=opts.TitleOpts(title='微信好
           友关系图')))
           )
           graph.render_notebook()
```

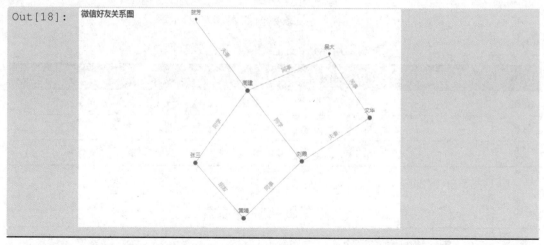

代码 5-18 所示的关系图可以直观地展现销售部员工之间的关系。

5.3.6　绘制桑基图

在 pyecharts 库中，可使用 Sankey 类绘制桑基图。Sankey 类的基本使用格式如下。

```
class Sankey(init_opts=opts.InitOpts())
.add(series_name, nodes, links, is_selected=True, pos_left='5%', pos_top='5%',
pos_right='20%', pos_bottom='5%', node_width=20, node_gap=8, node_align='justify',
orient='horizontal', is_draggable=True, layout_iterations=32, focus_node_
adjacency=False, levels=None, label_opts=opts.LabelOpts(), linestyle_opt=
opts.LineStyleOpts(), tooltip_opts=None)
.set_series_opts()
.set_global_opts()
```

Sankey 类的常用参数及其说明如表 5-27 所示。

表 5-27　Sankey 类的常用参数及其说明

参数名称	说　　明
init_opts=opts.InitOpts()	表示设置初始配置项，参考 5.1.1 小节
add()	表示添加数据
series_name	接收 str，表示系列名称，用于 tooltip 的显示、legend 的图例筛选。无默认值
nodes	接收 Sequence，表示节点数据项列表。无默认值
links	接收 Sequence，表示节点间关系数据项列表。无默认值
is_selected	接收 boolean，表示是否选中图例。默认为 True
pos_left	接收 str、types.numeric，表示 Sankey 组件离容器左侧的距离。默认为 5%
pos_top	接收 str、types.numeric，表示 Sankey 组件离容器顶部的距离。默认为 5%
pos_right	接收 str、types.numeric，表示 Sankey 组件离容器右侧的距离。默认为 20%
pos_bottom	接收 str、types.numeric，表示 Sankey 组件离容器底部的距离。默认为 5%
node_width	接收 numeric，表示桑基图中每个矩形节点的宽度。默认为 20

续表

参数名称	说　　明
node_gap	接收 numeric，表示桑基图中每一列任意两个矩形节点之间的距离。默认为 8
node_align	接收 str，表示桑基图中节点的对齐方式，可选 justify、left、right。justify 表示节点两端对齐，left 表示节点左对齐，right 表示节点右对齐。默认为 justify
orient	接收 str，表示桑基图中节点的布局方向，可选 horizontal、vertical。horizontal 表示水平地从左往右布局，vertical 表示垂直地从上往下布局。默认为 horizontal
is_draggable	接收 boolean，表示当控制节点拖曳的交互功能开启后，用户可以将图中的任意节点拖曳到任意位置。默认为 True
set_series_opts()	表示设置系列配置项，参考 5.1.2 小节
set_global_opts()	表示设置全局配置项，参考 5.1.3 小节

基于某家庭一个月的生活开支明细数据绘制桑基图，如代码 5-19 所示。

代码 5-19　绘制桑基图

```
In[19]:    # 读取 CSV 文件
           data = pd.read_csv('../data/sanky.csv', encoding='utf-8', header=
           None, sep='\t')
           # 生成节点
           Nodes = []
           Nodes.append({'name': '总支出'})
           for i in data[0].unique():
               dic = {}
               dic['name'] = i
               Nodes.append(dic)
           # 生成关系
           Links = []
           for i in data.values:
               dic = {}
               dic['source'] = i[0]
               dic['target'] = i[1]
               dic['value'] = i[2]
               Links.append(dic)
           # 可视化
           sankey = (
                   Sankey()
                   .add('', Nodes, Links, pos_left='10%',
                       linestyle_opt=opts.LineStyleOpts(
                           opacity=0.2, curve=0.5, color='source', type_='dotted'),
                       label_opts=opts.LabelOpts(position='right', ),
                   )
                   .set_global_opts(title_opts=opts.TitleOpts(title='生活开
           支桑基图'))
               )
```

155

```
sankey.render_notebook()
```

Out[19]:

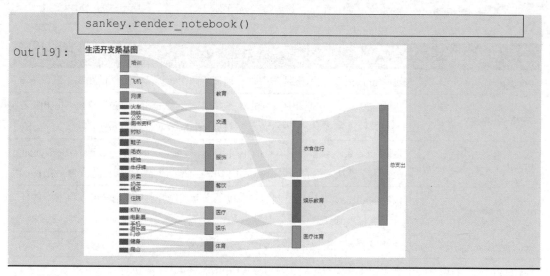

代码 5-19 所示的桑基图直观地展示了该家庭的开支情况，以及各商品小类、大类的开支情况。

5.4 绘制组合图形

在 5.3.1 小节中介绍了通过 overlap()方法可以将多图层叠在一个视图区域内，但有时根据任务的需求，需要将视图区域分割成多个子视图区域来绘制不同的图形，或需要按时间轮播或顺序显示不同的图形，即绘制组合图形。常见的组合图形有并行多图、顺序多图、时间线轮播多图等。

5.4.1 绘制并行多图

为了进行不同数据的比较，有时需要在同一个视图区域内同时绘制不同的图形，即绘制并行多图。在 pyecharts 库中，可使用 Grid 类绘制并行多图。Grid 类的基本使用格式如下。

```
class Grid(init_opts=opts.InitOpts())
.add(chart, grid_opts, grid_index=0, is_control_axis_index=False)
```

Grid 类的常用参数及其说明如表 5-28 所示。

表 5-28　Grid 类的常用参数及其说明

参数名称	说　　明
init_opts=opts.InitOpts()	表示设置初始配置项，参考 5.1.1 小节
add()	表示添加数据
chart	接收 chart 对象，表示图表实例，仅为 chart 类或其子类。无默认值
grid_opts	接收 options.GridOpts、dict，表示直角坐标系网格配置项。无默认值
grid_index	接收 int，表示直角坐标系网格索引。默认为 0
is_control_axis_index	接收 boolean，表示是否由自己控制 Axis 索引。默认为 False

chart 参数主要用于显示图形对象，为了显示正确，需要配置直角坐标系网格配置项。在 pyecharts 库中，可使用 GridOpts 类配置直角坐标系网格配置项。GridOpts 类的基本使用格式如下。

```
pyecharts.options.GridOpts(is_show=False, z_level=0, z=2, pos_left=None, pos_
top=None, pos_right=None, pos_bottom=None, width=None, height=None, is_contain_
label=False, background_color='transparent', border_color='#ccc', border_width=1,
tooltip_opts=None)
```

GridOpts 类的常用参数及其说明如表 5-29 所示。

表 5-29 GridOpts 类的常用参数及其说明

参数名称	说　　明
is_show	接收 boolean，表示是否显示直角坐标系网格。默认为 False
pos_left	接收 str、numeric，表示 grid 组件离容器左侧的距离。默认为 None
pos_top	接收 str、numeric，表示 grid 组件离容器顶部的距离。默认为 None
pos_right	接收 str、numeric，表示 grid 组件离容器右侧的距离。默认为 None
pos_bottom	接收 str、numeric，表示 grid 组件离容器底部的距离。默认为 None
width	接收 str、numeric，表示 grid 组件的宽度。默认 None
height	接收 str、numeric，表示 grid 组件的高度。默认 None
is_contain_label	接收 boolean，表示 grid 区域是否包含坐标轴的刻度标签。默认为 False
background_color	接收 str，表示网格背景颜色。默认为 transparent
border_color	接收 str，表示网格的边框颜色。默认为#ccc
border_width	接收 numeric，表示网格的边框线宽。默认为 1

通常，并行多图有左右布局和上下布局两种方式。基于表 5-10 所示的商家 A 的销售数据，采取左右布局的方式绘制柱形图和饼图，如代码 5-20 所示。

代码 5-20 以左右布局的方式绘制并行多图

```
In[20]:   from pyecharts.charts import Bar, Pie, Grid
          from pyecharts import options as opts
          import pandas as pd
          from pyecharts.charts import Page
          from pyecharts.globals import ThemeType
          from pyecharts.charts import Timeline

          data = pd.read_excel('../data/商家 A 和商家 B 的各类商品的销售数据.xlsx',
                        index_col='商家')
          bar = (
              Bar()
              .add_xaxis(data.columns.tolist())
              .add_yaxis('', data.loc['商家 A'].tolist())
```

```
        .set_global_opts(title_opts=opts.TitleOpts(title='商家A销售
情况柱形图'),
                        legend_opts=opts.LegendOpts(pos_left='30%'))
)
pie = (Pie()
    .add('', [list(z) for z in zip(data.columns.tolist(),
data.loc['商家A'].tolist())],
        radius=[20,100], center=[700, 300])
    .set_global_opts(title_opts=opts.TitleOpts(
        title='商家A销售情况饼图', pos_left='60%'),
                        legend_opts=opts.LegendOpts(orient='vertical',
pos_right=0))
    .set_series_opts(label_opts=opts.LabelOpts(formatter='{b}
:{c} ({d}%)'))
)
grid=(Grid(init_opts=opts.InitOpts(width='950px',
height='600px'))
    .add(bar, grid_opts=opts.GridOpts(pos_right='50%'))
    .add(pie, grid_opts=opts.GridOpts(pos_left='70%'))
    )
grid.render_notebook()
```

Out[20]:

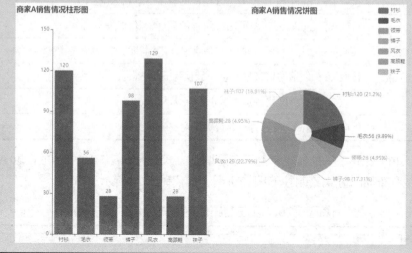

由代码 5-20 所示的并行多图可知：左边的柱形图展示了商家 A 销售的各种商品数量，右边的饼图展示了各商品销售数量的占比情况。读者可以设置 pos_top 和 pos_bottom 参数，采取上下布局的方式绘制图形。同时，通过设置参数，读者也可以使用更多的图形对象绘制并行多图。

5.4.2 绘制顺序多图

对相关数据源根据不同的目的进行不同的数据可视化，并进一步将所有图片集中到一个页面，即可对不同的情况同时进行交互展示。在 pyecharts 库中，可使用 Page 类绘制顺序多图。Page 类的基本使用格式如下。

```
class Page(page_title='Awesome-pyecharts', js_host='', interval=1, layout=
```

```
PageLayoutOpts())
.add(* charts)
```

Page 类的常用参数及其说明如表 5-30 所示。

表 5-30　Page 类的常用参数及其说明

参数名称	说　明
page_title	接收 str，表示 HTML 标题。默认为 Awesome-pyecharts
interval	接收 int，表示每个图例之间的距离。默认为 1
layout	接收 PageLayoutOpts，表示布局配置项
charts	接收 charts 对象，表示任意图表实例。无默认值

PageLayoutOpts 用于配置原生 CSS 样式。pyecharts 内置了 DraggablePageLayout 布局，可以通过拖放的方式设置布局；同时提供了 save_resize_html()方法，用于保存通过拖放方式设置布局的页面。save_resize_html()方法的基本使用格式如下。

```
Page.save_resize_html(source='render.html', cfg_file=None, cfg_dict=None,
dest='resize_render.html')
```

save_resize_html()方法的常用参数及其说明如表 5-31 所示。

表 5-31　save_resize_html()方法的常用参数及其说明

参数名称	说　明
source	接收 str，表示页面第一次渲染后的 HTML 文件。默认为 render.html
cfg_file	接收 str，表示布局配置文件的路径。默认为 None
dest	接收 str，表示重新生成的 HTML 文件的存放路径及文件名。默认为 resize_render.html

基于表 5-10 所示的数据绘制柱形图、环形图、玫瑰图，并通过 Page 类实现绘制顺序多图，如代码 5-21 所示。

代码 5-21　绘制顺序多图

```
In[21]:    bar = (
           Bar(init_opts=opts.InitOpts(
               width='800px', height='310px', theme=ThemeType.LIGHT))
           .add_xaxis(data.columns.tolist())
           .add_yaxis('商家 A', data.loc['商家 A'].tolist())
           .add_yaxis('商家 B', data.loc['商家 B'].tolist())
           .set_global_opts(title_opts=opts.TitleOpts(
               title='商家 A 和商家 B 销售情况柱形图')))
           pie1 = (Pie(init_opts=opts.InitOpts(
               width='800px', height='310px'))
           .add('', [list(z) for z in zip(
               data.columns.tolist(), data.loc['商家 A'].tolist())],
           radius=[20,100])
           .set_global_opts(title_opts=opts.TitleOpts(title='商家 A 销
```

```
售情况环形图'),

legend_opts=opts.LegendOpts(orient='vertical',
                                        pos_right=0,
                                        pos_bottom='40%'))
    .set_series_opts(label_opts=opts.LabelOpts(formatter='{b}
:{c} ({d}%)')))
pie2 = (Pie(init_opts=opts.InitOpts(
        width='800px', height='310px'))
    .add('', [list(z) for z in zip(data.columns.tolist(),
data.loc['商家B'].tolist())],
            rosetype='radius', radius=[20, 100])
    .set_global_opts(title_opts=opts.TitleOpts(title='商家 B 销
售情况玫瑰图'),

legend_opts=opts.LegendOpts(orient='vertical',
                                        pos_right=0,
                                        pos_bottom='40%'))
    .set_series_opts(label_opts=opts.LabelOpts(formatter='{b}
:{c} ({d}%)')))
page = (Page(page_title='Page 绘制顺序多图', interval=2,
            layout=Page.DraggablePageLayout).add(bar, pie1, pie2))
page.render()
```

Out[21]:

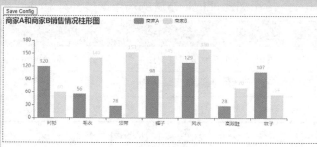

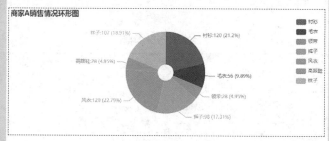

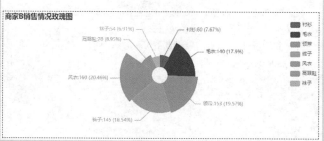

由代码 5-21 所示的运行结果可知：在图形的左上角存在 Save Config 按钮，此时可以通过拖放的方式调整页面显示效果。当拖放完成后，单击 Save Config 按钮，将会下载一个名为 "chart_config.json" 的配置文件，下载完成即可保存设置的布局。此后，读者即可利用 save_resize_html()方法设置布局后的 HTML 文件。

5.4.3　绘制时间线轮播多图

当需要展示不同时间段、不同类别的数据时，如果同时在一个视图区域内显示多个图形，会显得较拥挤；如果在同一个页面中显示多个图形，会显得冗余。此时，可使用滚动重复播放的方式展示所有需要显示的图形，即使用时间线轮播多图展示数据。

在 pyecharts 库中，可使用 Timeline 类绘制时间线轮播多图。Timeline 类的基本使用格式如下。

```
class Timeline(init_opts=opts.InitOpts())
.add(chart, time_point)
.add_schema(axis_type='category', orient='horizontal', symbol=None, symbol_
size=None, play_interval=None, control_position='left', is_auto_play=False,
is_loop_play=True, is_rewind_play=False, is_timeline_show=True, is_inverse=
False, pos_left=None, pos_right=None, pos_top=None, pos_bottom='-5px', width=
None, height=None, linestyle_opts=None, label_opts=None, itemstyle_opts=None,
graphic_opts=None, checkpointstyle_opts=None, controlstyle_opts=None)
```

Timeline 类的常用参数及其说明如表 5-32 所示。

表 5-32　Timeline 类的常用参数及其说明

参数名称	说　　明
init_opts=opts.InitOpts()	表示设置初始配置项，参考 5.1.1 小节
chart	接收 chart 对象，表示图表实例。无默认值
time_point	接收 str，表示时间点。无默认值
add_schema()	表示添加轮播方案
axis_type	接收 str，表示坐标轴类型，可选 value、category、time、log。value 表示数值轴，适用于连续数据；category 表示类目轴，适用于离散的类目数据；time 表示时间轴，适用于连续的时序数据；log 表示对数轴，适用于对数数据。默认为 category
orient	接收 str，表示时间轴的类型，可选 horizontal、vertical，horizontal 表示水平，vertical 表示垂直。默认为 horizontal
symbol	接收 str，表示 Timeline 标记的图形，可选的标记类型包括 circle、rect、roundrect、triangle、diamond、pin、arrow、None。默认为 None
symbol_size	接收 numeric，表示 Timeline 标记的大小，可以设置成单一的数字，如 10；也可以用数组分别表示宽和高，例如，[20, 10]表示标记宽为 20，高为 10。默认为 None

参数名称	说　　明
play_interval	接收 numeric，表示播放的速度（跳动的间隔），单位为毫秒（ms）。默认为 None
control_position	接收 str，表示播放按钮的位置。可选 left、right。默认为 left
is_auto_play	接收 boolean，表示是否自动播放。默认为 False
is_loop_play	接收 boolean，表示是否循环播放。默认为 True
is_rewind_play	接收 boolean，表示是否反向播放。默认为 False
is_timeline_show	接收 boolean，表示是否显示 Timeline 组件，如果设置为 False，则不会显示，但是功能还存在。默认为 True
is_inverse	接收 boolean，表示是否反向放置 Timeline，反向则将首尾位颠倒。默认为 False
pos_left	接收 str，表示 Timeline 组件离容器左侧的距离。默认为 None
pos_right	接收 str，表示 Timeline 组件离容器右侧的距离。默认为 None
pos_top	接收 str，表示 Timeline 组件离容器顶部的距离。默认为 None
pos_bottom	接收 str，表示 Timeline 组件离容器底部的距离。默认为 None
width	接收 str，表示时间轴的宽度。默认为 None
height	接收 str，表示时间轴的高度。默认为 None

手机店 A 和手机店 B 在 2019 年的部分销售数据如表 5-33、表 5-34 所示。

表 5-33　手机店 A 在 2019 年的部分销售数据

月份	三星	OPPO	苹果	华为	小米	中兴	vivo	魅族
2019 年 1 月	531	423	409	527	209	587	573	508
2019 年 2 月	451	479	298	480	214	585	575	412
2019 年 3 月	366	536	539	425	600	353	448	178
2019 年 4 月	548	361	520	538	571	142	237	299
2019 年 5 月	478	428	290	582	570	233	478	475

表 5-34　手机店 B 在 2019 年的部分销售数据

月份	三星	OPPO	苹果	华为	小米	中兴	vivo	魅族
2019 年 1 月	428	588	297	541	240	564	298	430
2019 年 2 月	307	392	560	332	475	377	524	617
2019 年 3 月	615	330	282	277	566	276	211	388
2019 年 4 月	156	335	622	363	313	297	154	348
2019 年 5 月	324	570	378	444	432	481	419	215

基于表 5-33 和表 5-34 所示的销售数据，绘制时间线轮播多图，如代码 5-22 所示。

代码 5-22 绘制时间线轮播多图

```
In[22]:    data_A = pd.read_excel('../data/timeline.xlsx')
           data_B = pd.read_excel('../data/timeline.xlsx', sheet_name=1)
           x_data = data_A.columns.tolist()[1: ]
           time = data_A['月份'].tolist()
           timeline = Timeline()
           for i in range(len(time)):
               y_data_A = data_A.iloc[i, 1: 9].tolist()
               y_data_A = [str(j) for j in y_data_A]
               y_data_B = data_B.iloc[i, 1: 9].tolist()
               y_data_B = [str(j) for j in y_data_B]
               bar = (Bar()
                   .add_xaxis(x_data)
                   .add_yaxis('手机店 A', y_data_A)
                   .add_yaxis('手机店 B', y_data_B)
                   .set_global_opts(title_opts=opts.TitleOpts('手机店 {} 销
           售情况'.format(time[i])))
                   )
               timeline.add(bar, time[i])
           timeline.add_schema(play_interval=1000, is_auto_play=True, symbol=
           'pin')
           timeline.render_notebook()
```

Out[22]:

由代码 5-22 所示的运行结果可知从 2019 年 1 月到 2019 年 12 月两家手机店的销售情况。柱形图下方显示的是时间轴，通过设置播放间隔时间和进行自动播放，可以直观地观看随时间变化而变化的两家手机店每个月的销售情况。由于文档中展示的是图片，因此无法展示时间线轮播多图的动态效果。

小结

本章介绍了 pyecharts 绘图的初始配置项、系列配置项、全局配置项，并以各种数据为例，介绍了条形图、散点图、折线图、箱线图、3D 散点图、饼图、层叠多图、漏斗图、热力图、词云图、关系图、桑基图、并行多图、顺序多图、时间线轮播多图的绘制方法。

实训

实训 1　绘制交互式基础图形

1. 训练要点

（1）掌握 pyecharts 的基础语法。

（2）掌握柱形图的绘制方法。

（3）掌握折线图的绘制方法。

（4）掌握饼图的绘制方法。

2. 需求说明

根据第 2 章实训 2 处理后的数据，统计 2017 年 6 月销量前 5 的商品销量、每台售货机每月的总交易额、每台售货机各类（按大类）商品的销售额，并利用这些数据绘制相关图形。

3. 实现步骤

（1）获取处理好的数据。

（2）设置系列配置项和全局配置项，绘制销量前 5 的商品销量柱形图。

（3）设置系列配置项和全局配置项，绘制售货机每月总交易额折线图。

（4）设置系列配置项和全局配置项，绘制售货机各类（按大类）商品的销售额饼图。

实训 2　绘制组合图形

1. 训练要点

（1）掌握并行多图的绘制方法。

（2）掌握时间线轮播多图的绘制方法。

2. 需求说明

根据第 2 章实训 2 处理后的数据，统计 2017 年每月每台售货机的销售额、每台售货机每月各类（按大类）商品的销售额，并利用这些数据绘制相关图形。

3. 实现步骤

（1）获取处理好的数据。

（2）设置系列配置项和全局配置项，绘制 2017 年每月每台售货机的销售额的时间线轮播多图。

（3）设置系列配置项和全局配置项，绘制售货机每月各类（按大类）商品的销售额饼图的并行多图。

实战模块

 第 **6** 章 广电大数据可视化项目实战

随着经济的不断发展，人们的生活水平显著提高，对生活品质的要求也在不断提高。互联网的发展为人们提供了更多的娱乐渠道，不断实现人民对美好生活的向往。广播电视网、互联网、通信网实现了"三网融合"，更为人们在信息化时代利用网络等高科技手段获取所需的信息提供了极大的便利。有线与无线相结合、全程全网的广播电视网络不仅可以为用户提供高清晰度的电视节目、数字音频节目、高速数据接入和语音服务等三网融合业务，还可为科教、文化、商务等行业搭建信息服务平台，因此产生了大量的用户状态数据、收视行为信息数据、订单数据、缴费数据等。本项目结合广播电视行业的实际情况，对广播电视行业的历史数据进行处理，利用 seaborn 库进行可视化分析，为运营商提供分析报告，进而实现精准营销，增加收益。

学习目标

（1）了解广播电视行业的市场现状。

（2）熟悉广电大数据可视化项目的流程与步骤。

（3）掌握数据清洗方法，包括对收视行为、账单、收费、订单和用户状态数据进行处理。

（4）掌握数据可视化分析方法，包括对用户、频道、总时长、周时长、支付方式等进行分析。

（5）掌握撰写项目分析报告的方法。

6.1 了解项目背景与目标

随着科技的发展，现在人们观看电视节目的方式越来越多。人们不仅可以使用传统的电视机观看电视节目，还可以通过网络观看电视节目，这使得运营商、用户、网络之间产生了一些交互关系。为了更好地为用户提供服务，并提高收益和收视率，运营商需要对广电大数据进行分析。

Python 数据可视化实战

6.1.1 了解项目背景

广播电视行业涉及广电节目的生产、研究、销售等，主要包括摄、录、监、采、编、播、管、存等方面。伴随互联网和移动互联网的快速发展，人们的电视观看行为正发生变化：由之前的传统电视媒介向计算机、手机、平板端的网络电视转化。

在这种新形势下，传统广播电视运营商已明显地感受到危机。此时，"三网融合"为传统广播电视运营商带来了发展机遇，特别是随着超清、高清交互数字电视的推广，广播电视运营商可以和家庭用户实现信息的实时交互，家庭电视也逐步变成多媒体信息终端。

目前，某广播电视网络运营集团已建成完整覆盖广东省各区（县级市）的有线传输与无线传输互为延伸、互为补充的广电宽带信息网络，实现了城区全程全网的双向覆盖，为广大市民提供有线数字电视、互联网接入、高清互动电视、移动数字电视、手机电视、信息内容集成等多样化、跨平台的信息服务等。信息数据的传递过程如图 6-1 所示，每个家庭收看电视节目都需要通过机顶盒进行节目的接收和收视交互行为（如点播行为、回看行为）的发送，并将交互行为数据发送至每个区域的光机设备（进行数据传递的中介），光机设备会汇集该区域的信息数据，再将其发送至数据中心进行整合、存储。

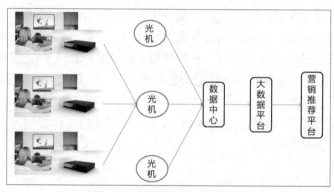

图 6-1　信息数据的传递过程

由于已建设的大数据平台积累了大量用户基础信息和用户观看记录信息等数据，因此在此基础上进一步挖掘数据价值，可以提升用户体验，并提出精准的营销建议，采取有效应对措施，增加用户黏度，从而使用户与企业之间建立稳定的交互关系，实现用户链式反应增值。

6.1.2 熟悉数据情况

在大数据平台中存有用户的基础信息（安装地址等）、订单数据（产品订购、退订信息）、工单数据（报装、故障、投诉、咨询等工单信息）、收费数据（缴费、托收等各渠道支付信息）、账单数据（月租账单数据）、双向互动电视平台收视行为数据（直播、点播、回看、广告的收视数据）、用户上网设备的指标状态数据（上下行电平、信噪比、流量等）共 7 种数据。

由于每个用户的收视习惯、兴趣爱好存在差异，因此本次抽取了 2000 个样本用户在 2018 年 5 月 12 日至 2018 年 6 月 12 日的收视行为数据和收费数据，并对两份数据表进行了脱敏处理。数据表及特征说明如表 6-1 所示。

表 6-1　数据表及特征说明

表　名	字　段	含　义
收视行为数据 （media_index）	phone_no	用户名
	duration	观看时长
	station_name	直播频道名称
	origin_time	开始观看时间
	end_time	结束观看时间
	res_name	设备名称
	owner_code	用户等级号
	owner_name	用户等级名称
	category_name	节目分类
	res_type	节目类型
	vod_title	节目名称（点播、回看）
	program_title	节目名称（直播）
收费数据 （mmconsume_payevents）	phone_no	用户名
	owner_name	用户等级名称
	payment_name	支付方式
	event_time	支付时间
	login_group_name	支付渠道
	owner_code	用户等级号

6.1.3　熟悉项目流程

如何将丰富的电视产品与用户个性化需求实现最优匹配，是广电行业亟待解决的重要问题。用户对电视产品的需求不同，在挑选想要的信息时需要花费大量的时间，这种情况会造成用户的不断流失，将给企业造成巨大的损失。

广电大数据可视化的总体流程如图 6-2 所示，主要步骤如下。

（1）抽取 2000 个用户在 2018 年 5 月 12 日至 2018 年 6 月 12 日的收视行为数据和收费数据。

（2）对抽取的数据进行数据清洗。

（3）对清洗后的数据进行可视化分析，包括用户分析、频道分析、总时长分析、周时长分析和用户支付方式分析等。

（4）撰写项目分析报告。

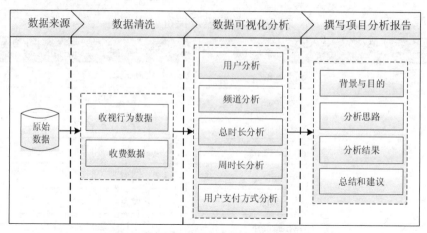

图 6-2　广电大数据可视化的总体流程

6.2　读取与清洗广播电视数据

项目的原始数据中可能会出现部分噪声数据，如重复值、异常值、冗余数据等，它们将会对后续的可视化分析结果造成影响。因此，需要在 Python 中读取广播电视数据，并对数据进行清洗。

6.2.1　读取数据

使用 pandas 库中的 read_csv 函数读取用户收视行为数据和收费数据，如代码 6-1 所示。

代码 6-1　读取用户收视行为数据和收费数据

```
In[1]:    import pandas as pd
          data_raw = pd.read_csv('../data/media_index.csv', encoding='gbk',
          header='infer')
          payevents = pd.read_csv('../data/mmconsume_payevents.csv', sep=',',
                        encoding='gbk', header='infer')
          print(data_raw.shape, payevents.shape)

Out[1]:   (4246720, 12) (154667, 6)
```

由代码 6-1 的运行结果可知用户收视行为数据含有 4246720 条记录，收费数据含有154667 条记录。

6.2.2　清洗数据

由 6.2.1 小节可知，用户收视行为数据和收费数据中的数据量相对较多，其中可能存在一定的重复值、异常值等数据，且不同的数据存在的问题可能会不一致。因此需要根据不同数据中存在的不同情况，分别对收视行为数据和收费数据进行清洗处理。

1.　收视行为数据清洗

在用户的收视行为数据（media_index）中存在直播频道名称（station_name）中含有"-高清"字段的情况，如"江苏卫视-高清""江苏卫视"等。由于本项目暂不考虑是否为高清频道的情况，因此需要将直播频道名称中的"-高清"字段替换为空。

从业务角度分析，该广电运营商主要面向的对象是众多的普通家庭；而收视行为数据中存在特殊线路和政企类的用户，即用户等级号（owner_code）为 02、09、10 的数据与用户等级名称（owner_name）为 EA 级、EB 级、EC 级、ED 级、EE 级的数据。因为特殊线路主要起到演示、宣传等作用，这部分数据对分析用户行为意义不大，并且会影响分析结果的准确性，所以需要将这部分数据删除。而政企类数据暂时不做分析，同样也需要删除。

在收视行为数据中存在同一用户的开始观看时间（origin_time）和结束观看时间（end_time）重复的数据记录，而且观看的节目不同，如图 6-3 所示，这可能是由于数据收集设备导致的。与广电运营商的业务人员沟通之后，默认保留第一条收视记录，因此需要对数据中开始观看时间和结束观看时间重复的记录进行去重处理。

phone no	duration	station name	origin_time	end time	es name	er c	owner name	category name	res type	od titl	program title
16899254053	395000	广州少儿	2018-05-15 19:22:08	2018-05-15 19:28:43	nan	0	HC级	nan	0	nan	对折未为主
16899254053	395000	广州少儿	2018-05-15 19:22:08	2018-05-15 19:28:43	nan	0	HC级	nan	0	nan	神兵小将
16899254053	86000	广东少儿	2018-05-15 19:28:43	2018-05-15 19:30:09	nan	0	HC级	nan	0	nan	快乐酷宝…
16899254053	86000	广东少儿	2018-05-15 19:28:43	2018-05-15 19:30:09	nan	0	HC级	nan	0	nan	小桂英语
16899254053	31000	金鹰卡通	2018-05-15 19:30:19	2018-05-15 19:30:50	nan	0	HC级	nan	0	nan	人气暴暴…
16899254053	31000	金鹰卡通	2018-05-15 19:30:19	2018-05-15 19:30:50	nan	0	HC级	nan	0	nan	布布奇趣…
16899254053	24000	广州少儿	2018-05-15 19:30:50	2018-05-15 19:31:14	nan	0	HC级	nan	0	nan	好桥架势堂
16899254053	24000	广州少儿	2018-05-15 19:30:50	2018-05-15 19:31:14	nan	0	HC级	nan	0	nan	神兵小将
16899254053	33000	优漫卡通	2018-05-15 19:31:35	2018-05-15 19:32:08	nan	0	HC级	nan	0	nan	动画天地

图 6-3　重复的收视数据

在收视行为数据中存在跨夜的记录数据，如开始观看时间和结束观看时间分别为 2018-05-12 23:45:00 和 2018-05-13 00:31:00，如图 6-4 所示。

phone no	duration	station_name	origin time	end time	res name	owner code	owner name
16804352137	2760000	中央4台-高清	2018-05-12 23:45:00	2018-05-13 00:31:00	nan	0	HC级
16331205333	420000	动漫秀场-高清(…	2018-05-12 23:45:00	2018-05-12 23:52:00	nan	0	HC级
16805324716	107000	翡翠台	2018-05-12 23:45:00	2018-05-12 23:46:47	nan	0	HC级
16805470896	2760000	中央4台-高清	2018-05-12 23:45:00	2018-05-13 00:31:00	nan	0	HC级
16802692146	180000	重庆卫视-高清	2018-05-12 23:45:00	2018-05-12 23:48:00	nan	0	HC级
16804346622	2760000	中央4台-高清	2018-05-12 23:45:00	2018-05-13 00:31:00	nan	0	HC级
16802302192	900000	广州生活	2018-05-12 23:45:00	2018-05-13 00:00:00	nan	0	HC级
16806165491	97000	翡翠台	2018-05-12 23:45:00	2018-05-12 23:46:37	nan	0	HC级
16805391989	218000	翡翠台	2018-05-12 23:45:00	2018-05-12 23:48:38	nan	0	HC级
16802262365	600000	广东影视	2018-05-12 23:45:00	2018-05-12 23:55:00	nan	0	HC级
16804234647	83000	翡翠台	2018-05-12 23:45:00	2018-05-12 23:46:23	nan	0	HC级
16801789881	2760000	中央4台-高清	2018-05-12 23:45:00	2018-05-13 00:31:00	nan	0	HC级
16801764388	2760000	中央4台-高清	2018-05-12 23:45:00	2018-05-13 00:31:00	nan	nan	HE级

图 6-4　跨夜的记录数据

在对用户收视行为数据进行分析时发现，存在用户的观看时间极短的现象，如图 6-5 所示，这可能是因为用户在观看过程中切换频道而导致的。与广电运营商的业务人员沟通之后，选择 4s 作为观看时间极短的判断阈值，将小于阈值的数据当作异常行为数据，统一进行删除处理。

phone no	duration	station name	origin time	end time	res name	owner code	owner name
16802375309	44000	西藏卫视	2018-05-20 10:30:14	2018-05-20 10:30:58	nan	0	HC级
16802375309	27000	中央纪录-高清	2018-05-20 08:06:46	2018-05-20 08:07:13	nan	0	HC级
16802375309	440000	澳亚卫视	2018-05-20 07:33:09	2018-05-20 07:40:29	nan	0	HC级
16802375309	40000	山西卫视	2018-05-20 10:52:04	2018-05-20 10:52:44	nan	0	HC级
16802375309	669000	广东影视	2018-05-18 20:24:42	2018-05-18 20:35:51	nan	0	HC级
16802375309	31000	广东影视	2018-05-18 20:36:26	2018-05-18 20:36:57	nan	0	HC级
16802375309	420000	珠江电影	2018-05-18 20:52:16	2018-05-18 20:59:16	nan	0	HC级
16802375309	1110000	珠江电影	2018-05-19 13:55:59	2018-05-19 14:14:29	nan	0	HC级
16802375309	88000	广东影视	2018-05-15 20:41:36	2018-05-15 20:43:04	nan	0	HC级
16802375309	1456000	广东影视	2018-05-15 19:26:00	2018-05-15 19:50:16	nan	0	HC级
16802375309	73000	吉林卫视-高清	2018-05-15 13:18:10	2018-05-15 13:19:23	nan	0	HC级
16802375309	1578000	中央5台-高清	2018-05-18 09:00:00	2018-05-18 09:26:18	nan	0	HC级
16802375309	405000	深圳卫视-高清	2018-05-16 06:54:27	2018-05-16 07:01:12	nan	0	HC级
16802375309	64000	中央5台-高清	2018-05-14 10:45:58	2018-05-14 10:47:02	nan	0	HC级
16802375309	104000	中央5台-高清	2018-05-14 11:08:36	2018-05-14 11:10:20	nan	0	HC级
16802375309	68000	中央5台-高清	2018-05-15 09:58:52	2018-05-15 10:00:00	nan	0	HC级
16802375309	1000	西藏卫视	2018-05-16 10:05:00	2018-05-16 10:05:01	nan	0	HC级

图 6-5　异常行为数据

此外，数据中还存在用户较长时间观看同一频道的现象，这可能是因为用户在收视行为结束后，未能及时关闭机顶盒等而导致的。这类用户在广电运营大数据平台的数据记录中，在未进行收视互动的情况下，节目开始观看时间和结束观看时间的秒数为00，即整点（秒）播放。与广电运营商的业务人员沟通之后，选择将直播收视数据中开始观看时间和结束观看时间的秒数为00的记录删除。

最后，发现数据中有下次观看的开始时间小于上一次观看的结束时间的记录，这种异常数据是由于数据收集设备异常导致的，需要进行删除处理。

综合上述业务数据处理方法，清洗收视行为信息数据的具体步骤如下，实现代码如代码 6-2 所示。

（1）将直播频道名称中的"-高清"替换为空。

（2）删除特殊线路的用户数据，即用户等级号为 02、09、10 的数据。

（3）删除政企用户数据，即用户等级名称为 EA 级、EB 级、EC 级、ED 级、EE 级的数据。

（4）基于数据中开始观看时间和结束观看时间的记录去重。

（5）跨夜处理，将跨夜的收视数据分为两条收视数据。

（6）删除观看同一个频道小于 4s 的记录。

（7）删除直播收视数据中开始观看时间和结束观看时间的秒数为 00 的收视数据。

（8）删除下次观看记录的开始时间小于上一次观看记录的结束时间的记录。

代码 6-2　清洗收视行为信息数据

```
In[2]:   media  =  pd.read_csv('../data/media_index.csv',  encoding='gbk',
         header='infer')
         # 将"-高清"替换为空
         media['station_name'] = media['station_name'].str.replace('-高清', '')
         # 过滤特殊线路、政企类的用户
         media = media.loc[(media.owner_code != 2)&(media.owner_code != 9)&
```

```
                          (media.owner_code != 10), :]
print('查看过滤后的特殊线路的用户:', media.owner_code.unique())
media = media.loc[(media.owner_name != 'EA级')&(media.owner_name != 'EB级')&
          (media.owner_name != 'EC级')&(media.owner_name != 'ED级')&
          (media.owner_name != 'EE级'), :]
print('查看过滤后的政企用户:', media.owner_name.unique())


# 对开始时间进行拆分
# 检查数据类型
type(media.loc[0, 'origin_time'])
# 转换为时间类型
media['end_time'] = pd.to_datetime(media['end_time'])
media['origin_time'] = pd.to_datetime(media['origin_time'])
# 提取秒
media['origin_second'] = media['origin_time'].dt.second
media['end_second'] = media['end_time'].dt.second
# 筛选数据
ind1 = (media['origin_second'] == 0) & (media['end_second'] == 0)
media1 = media.loc[~ind1, :]


# 基于开始时间和结束时间的记录去重
media1.end_time = pd.to_datetime(media1.end_time)
media1.origin_time = pd.to_datetime(media1.origin_time)
media1 = media1.drop_duplicates(['origin_time', 'end_time'])


# 跨夜处理
# 去除开始时间、结束时间为空值的数据
media1 = media1.loc[media1.origin_time.dropna().index, :]
media1 = media1.loc[media1.end_time.dropna().index, :]
# 创建星期特征列表
media1['星期'] = media1.origin_time.apply(lambda x: x.weekday()+1)
dic = {1:'星期一', 2:'星期二', 3:'星期三', 4:'星期四', 5:'星期五', 6:
'星期六', 7:'星期日'}
for i in range(1, 8):
    ind = media1.loc[media1['星期'] == i, :].index
    media1.loc[ind, '星期'] = dic[i]
# 查看有多少观看记录是跨夜的，对跨夜的数据进行跨夜处理
a = media1.origin_time.apply(lambda x :x.day)
b = media1.end_time.apply(lambda x :x.day)
sum(a != b)
media2 = media1.loc[a != b, :].copy()   # 需要做跨夜处理的数据
def geyechuli_xingqi(x):
    dic = {'星期一':'星期二', '星期二':'星期三', '星期三':'星期四', '星期
四':'星期五','星期五':'星期六', '星期六':'星期日', '星期日':'星期一'}
    return x.apply(lambda y: dic[y.星期], axis=1)
media1.loc[a != b, 'end_time'] = media1.loc[a != b, 'end_time'].apply (lambda x:
    pd.to_datetime('%d-%d-%d 23:59:59'%(x.year, x.month, x.day)))
```

```
media2.loc[:, 'origin_time'] = pd.to_datetime(media2.end_time.apply
(lambda x:
    '%d-%d-%d 00:00:01'%(x.year, x.month, x.day)))
media2.loc[:, '星期'] = geyechuli_xingqi(media2)
media3 = pd.concat([media1, media2])
media3['origin_time1'] = media3.origin_time.apply(lambda x:
    x.second + x.minute * 60 + x.hour * 3600)
media3['end_time1'] = media3.end_time.apply(lambda x:
    x.second + x.minute * 60 + x.hour * 3600)
media3['wat_time'] = media3.end_time1 - media3.origin_time1
# 构建观看总时长特征

# 清洗时长不符合的数据
# 删除下次观看的开始时间小于上一次观看的结束时间的记录
media3 = media3.sort_values(['phone_no', 'origin_time'])
media3 = media3.reset_index(drop=True)
a = [media3.loc[i+1, 'origin_time'] < media3.loc[i, 'end_time'] for
i in range(len(media3)-1)]
a.append(False)
aa = pd.Series(a)
media3 = media3.loc[~aa, :]
# 去除小于 4s 的记录
media3 = media3.loc[media3['wat_time'] > 4, :]
#  将数据导出，保存为 CSV 文件
media3.to_csv('../tmp/media3.csv',   na_rep='NaN',   header=True,
index=False)

# 查看连续观看同一频道的时长是否大于 3h
# 发现这 2000 个用户不存在连续观看时长大于 3h 的情况
media3['date'] = media3.end_time.apply(lambda x :x.date())
media_group = media3['wat_time'].groupby([media3['phone_no'],
                            media3['date'],
                            media3['station_name']]).sum()
media_group = media_group.reset_index()
media_g = media_group.loc[media_group['wat_time'] >= 10800, ]
media_g['time_label'] = 1
o = pd.merge(media3, media_g, left_on=['phone_no', 'date', 'station_name'],
        right_on=['phone_no', 'date', 'station_name'], how='left')
oo = o.loc[o['time_label'] == 1, :]
```

Out[2]:　查看过滤后的特殊线路的用户：[0. nan 5. 1.]
　　　　查看过滤后的政企用户：['HC 级' 'HE 级' 'HB 级']

2. 收费数据清洗

对于收费数据（mmconsume-payevents），只需要删除特殊线路和政企类的用户即可，具体步骤如下，实现代码如代码 6-3 所示。

（1）删除特殊线路的用户数据，即用户等级号为 02、09、10 的数据。

（2）删除政企用户数据，即用户等级名称为 EA 级、EB 级、EC 级、ED 级、EE 级的数据。

代码 6-3　处理收费数据

```
In[3]:  payevents = pd.read_csv('../data/mmconsume_payevents.csv', sep=',',
                        encoding='gbk', header='infer')
        payevents.columns = ['phone_no','owner_name','event_time','payment_name',
                        'login_group_name', 'owner_code']

        # 过滤特殊线路、政企类的用户
        payevents = payevents.loc[(payevents.owner_code != 2
                        )&(payevents.owner_code != 9
                        )&(payevents.owner_code != 10), :]   # 去除特
殊线路数据
        print('查看过滤后的特殊线路的用户:', payevents.owner_code.unique())
        payevents = payevents.loc[(payevents.owner_name != 'EA级'
                        )&(payevents.owner_name != 'EB级'
                        )&(payevents.owner_name != 'EC级'
                        )&(payevents.owner_name != 'ED级'
                        )&(payevents.owner_name != 'EE级'), :]
        print('查看过滤后的政企用户: ', payevents.owner_name.unique())
        payevents.to_csv('../tmp/payevents2.csv', na_rep='NaN', header=True,
        index=False)
```

```
Out[3]:  查看过滤后的特殊线路的用户: [nan 0. 5. 1.]
         查看过滤后的政企用户: ['HE级' 'HC级' 'HB级']
```

6.3　绘制可视化图形

数据清洗只能简单地对数据进行了解，并不能明确地看出数据中蕴含的信息。因此，需要对清洗后的数据进行可视化分析，清晰地展示出广播电视数据中用户的观看信息，为运营商的决策提供一定的参考。

6.3.1　绘制用户分析图

分布分析是用户在特定指标下的频次、总额等的归类展现，它可以展现出单个用户对产品（电视）的依赖程度，从而分析出用户观看电视的总时长、购买不同类型的产品数量等情况，帮助运营人员了解用户的当前状态，如观看时长（20h 以下、20 ~ 50h、50h 以上）等分布情况。

"三网融合"让人们可以便捷地获取新闻资讯，各种平台的终端更是触手可及，同时人们的工作节奏加快，在这种情况下，运营商想要了解忙碌的人们是否会花时间订购、收看广电节目，需要探索用户的观看总时长分布情况。计算所有用户在一个月内的观看总时长并且排序，从而对用户观看总时长分布进行可视化分析，如代码 6-4 所示。

代码 6-4　用户观看总时长分布

```
In[4]:    import pandas as pd
          import matplotlib.pyplot as plt
          import matplotlib.ticker as ticker
          import seaborn as sns
          import re
          plt.rcParams['font.sans-serif'] = ['SimHei']
          # 设置字体为 SimHei 以显示中文
          plt.rcParams['axes.unicode_minus'] = False  # 设置正常显示符号
          media3 = pd.read_csv('../tmp/media3.csv', header='infer')
          # 用户观看总时长
          m = pd.DataFrame(media3['wat_time'].groupby([media3['phone_no']]).
          sum())
          m = m.sort_values(['wat_time'])
          m = m.reset_index()
          m['wat_time'] = m['wat_time'] / 3600
          m['id'] = m.index
          ax = sns.barplot(x='id', y='wat_time', data=m)
          ax.xaxis.set_major_locator(ticker.MultipleLocator(250))
          ax.xaxis.set_major_formatter(ticker.ScalarFormatter())
          plt.xlabel('观看用户（排序后）')
          plt.ylabel('观看时长（小时）')
          plt.title('用户观看总时长')
          plt.show()
```

Out[4]:

由代码 6-4 的运行结果可知：大部分用户在这一个月观看总时长主要集中在 100～400h，平均每天 3～14h。

6.3.2　绘制频道分析图

贡献度分析又称帕累托分析，它的原理是帕累托法则（又称 20/80 定律）。同样的投入在不同的地方会产生不同的效益。例如，对一个公司而言，80% 的利润常来自 20% 最畅销的产品，而其他 80% 的产品只产生了 20% 的利润。为更好地了解观众最喜欢观看哪些节目或哪些频道最受欢迎，从而提高收视率，需要对所有收视频道的观看时长与观看次数进行贡献度分析，如代码 6-5 所示。

代码 6-5　所有收视频道的观看时长与观看次数贡献度分析

```
In[5]:    # 所有收视频道的观看时长与观看次数
          media3.station_name.unique()
          pindao = pd.DataFrame(media3['wat_time'].groupby([media3.station_
          name]).sum())
          pindao = pindao.sort_values(['wat_time'])
          pindao = pindao.reset_index()
          pindao['wat_time'] = pindao['wat_time'] / 3600
          pindao_n = media3['station_name'].value_counts()
          pindao_n = pindao_n.reset_index()
          pindao_n.columns = ['station_name', 'counts']
          a = pd.merge(pindao, pindao_n, left_on='station_name', right_on=
          'station_ name', how='left')
          fig, ax1 = plt.subplots()
          ax2 = ax1.twinx()  # 构建双轴
          sns.barplot(a.index, a.iloc[:, 1], ax=ax1)
          sns.lineplot(a.index, a.iloc[:, 2], ax=ax2, color='r')
          ax1.set_ylabel('观看时长（小时）')
          ax2.set_ylabel('观看次数')
          ax1.set_xlabel('频道号（排序后）')
          plt.xticks([])
          plt.title('所有收视频道的观看时长与观看次数')
          plt.show()
```

Out[5]:

```
In[6]:    # 展示收视前 15 的频道观看时长，由于 pindao 已排序，因此取后 15 条数据
          sns.barplot(x='station_name', y='wat_time', data=pindao.tail(15))
          plt.xticks(rotation=45)
          plt.xlabel('频道名称')
          plt.ylabel('观看时长（小时）')
          plt.title('收视前 15 的频道')
          plt.show()
```

Out[6]:

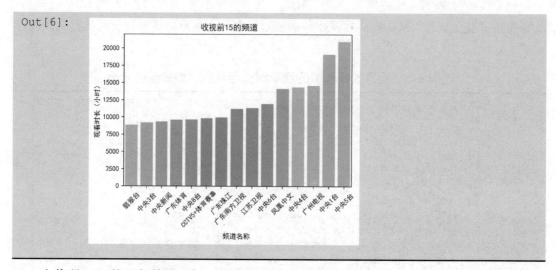

由代码 6-5 的运行结果可知：随着各频道观看次数的增多，观看时长也在随之增加，且后面近 28% 的频道提供了 80% 的观看时长贡献度（稍有偏差，但特征明显）；其中排名前 15 的频道名称为中央 5 台、中央 1 台、广州电视、中央 4 台、凤凰中文、中央 6 台、江苏卫视、广东南方卫视、广东珠江、CCTV5+体育赛事、中央 8 台、广东体育、中央新闻、中央 3 台、翡翠台。

6.3.3 绘制时长分析图

对比分析是指将两个相互联系的指标进行比较，从数量上展示和说明研究对象规模的大小与水平的高低、速度的快慢和各种关系是否协调，特别适用于指标间的横向与纵向比较、时间序列的比较分析。在对比分析中，选择合适的对比标准是十分关键的步骤。只有选择合适的对比标准，才能做出客观的评价；若选择的对比标准不合适，可能得出错误的结论。

对比分析主要有两种形式：静态对比和动态对比。静态对比是指在同一时间条件下对不同总体指标进行比较，如不同部门、不同地区、不同国家的比较，也称为"横比"；动态对比是指在同一总体条件下对不同时期的指标数据进行比较，也称为"纵比"。

将工作日（5 天）与周末（2 天）进行划分，使用饼图展示所有用户的观看总时长的占比分布（计算工作日与周末的观看总时长时，需要对应除以工作日与周末的天数）情况，并对所有用户在工作日和周末的观看总时长的分布使用柱状图进行对比分析，如代码 6-6 所示。

代码 6-6 工作日与周末的观看时长对比

In[7]:
```
# 工作日与周末的观看时长对比
ind = [re.search('星期六|星期日', str(i)) != None for i in media3['
星期']]
freeday = media3.loc[ind, :]
workday = media3.loc[[ind[i] == False for i in range(len(ind))], :]
m1 = pd.DataFrame(freeday['wat_time'].groupby([freeday['phone_
no']]).sum())
m1 = m1.sort_values(['wat_time'])
m1 = m1.reset_index()
m1['wat_time'] = m1['wat_time'] / 3600
```

```
m2 = pd.DataFrame(workday['wat_time'].groupby([workday['phone_
no']]).sum())
m2 = m2.sort_values(['wat_time'])
m2 = m2.reset_index()
m2['wat_time'] = m2['wat_time'] / 3600
w = sum(m2['wat_time']) / 5
f = sum(m1['wat_time']) / 2
plt.figure(figsize=(8, 8))
plt.subplot(211)  # 参数为subplot(numRows, numCols, plotNum)
colors = 'lightgreen','lightcoral'
plt.pie([w, f], labels = ['工作日', '周末'], colors=colors,
shadow=True,
        autopct='%1.1f%%', pctdistance=1.23)
plt.title('周末与工作日观看时长占比')
plt.subplot(223)
ax1 = sns.barplot(m1.index, m1.iloc[:, 1])
# 设置坐标刻度
ax1.xaxis.set_major_locator(ticker.MultipleLocator(250))
ax1.xaxis.set_major_formatter(ticker.ScalarFormatter())
plt.xlabel('观看用户（排序后）')
plt.ylabel('观看时长（小时）')
plt.title('周末用户观看总时长')
plt.subplot(224)
ax2 = sns.barplot(m2.index, m2.iloc[:, 1])
# 设置坐标刻度
ax2.xaxis.set_major_locator(ticker.MultipleLocator(250))
ax2.xaxis.set_major_formatter(ticker.ScalarFormatter())
plt.xlabel('观看用户（排序后）')
plt.ylabel('观看时长（小时）')
plt.title('工作日用户观看总时长')
plt.show()
```

Out[7]: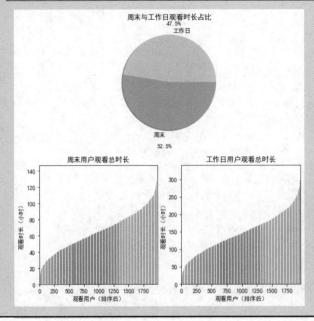

由代码 6-6 的运行结果可知：周末的观看时长占观看总时长的 52.5%，而工作日的观看时长占观看总时长的 47.5%；周末用户的观看时长集中在 20～100h，工作日用户的观看时长集中在 50～250h。

6.3.4 绘制周时长分析图

为了使运营商清楚地了解一周内用户每天的观看时长，从而有针对性地投放受欢迎的节目，增加用户的使用黏度，需要分别绘制周观看时长分布图及付费频道与点播回看的周观看时长分布图，如代码 6-7 所示。

代码 6-7 周观看时长分布图

```
In[8]:    # 周观看时长分布
          n = pd.DataFrame(media3['wat_time'].groupby([media3['星期']]).sum())
          n = n.reset_index()
          n = n.loc[[0, 2, 1, 5, 3, 4, 6], :]
          n['wat_time'] = n['wat_time'] / 3600
          plt.figure(figsize=(8, 4))
          sns.lineplot(x='星期', y='wat_time', data=n)
          plt.xlabel('星期')
          plt.ylabel('观看时长（小时）')
          plt.title('周观看时长分布')
          plt.show()
```

Out[8]:

```
In[9]:    # 付费频道与点播回看的周观看时长分布
          media_res = media3.loc[media3['res_type'] == 1, :]
          ffpd_ind = [re.search('付费', str(i)) != None for i in media3.loc[:,
          'station_name']]
          media_ffpd = media3.loc[ffpd_ind, :]
          z = pd.concat([media_res, media_ffpd], axis=0)
          z = z['wat_time'].groupby(z['星期']).sum()
          z = z.reset_index()
          z = z.loc[[0, 2, 1, 5, 3, 4, 6], :]
          z['wat_time'] = z['wat_time'] / 3600
          plt.figure(figsize=(8, 4))
          sns.lineplot(x='星期', y='wat_time', data=z)
          plt.xlabel('星期')
          plt.ylabel('观看时长（小时）')
          plt.title('付费频道与点播回看的周观看时长分布')
          plt.show()
```

Out[9]:

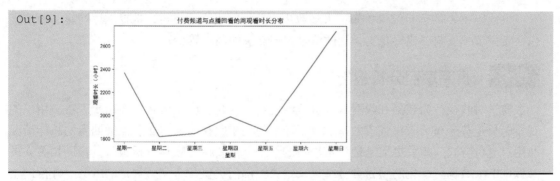

由代码 6-7 的运行结果可知：在一周中，周一、周六、周日的观看时间较长，其中周日的观看时间最长；同样，周一、周六、周日的付费频道与点播回看的观看时间相对来说较长。

6.3.5　绘制用户支付方式分析图

传统的广播电视企业如果要在互联网时代脱颖而出，那么不仅要在电视节目及其投放安排上进行分析，还要推出一些产品的周边服务，为用户带来全新的体验。绘制用户支付方式分析图，观察用户的支付方式情况，从而方便传统广播电视企业为用户提供一些周边服务，吸引更多的用户，增加收益。用户支付方式分析图的绘制如代码 6-8 所示。

代码 6-8　绘制用户支付方式分布图

In[10]:
```python
# 设置 Matplotlib 以正常显示中文和负号
plt.rcParams['font.sans-serif'] = ['SimHei']
plt.rcParams['axes.unicode_minus'] = False
# 读取 CSV 文件
pay = pd.read_csv('../tmp/payevents2.csv')
sns.countplot(x='payment_name', data=pay)
plt.xticks(rotation=80)
plt.xlabel('支付方式')
plt.ylabel('总数')
plt.title('用户支付方式总数及对比')
plt.show()
```

Out[10]:

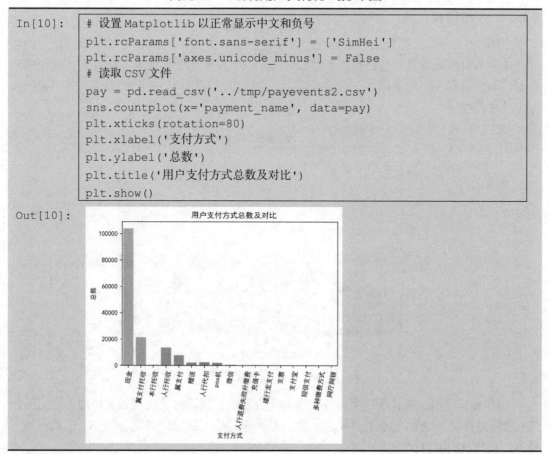

由代码 6-8 的运行结果可知：大多数用户选择使用现金支付，选择网厅网银、短信支付、支付宝、支票、建行龙支付、微信等方式支付的用户较少。

6.4 撰写项目分析报告

通过对收视行为数据和收费数据进行清洗和可视化分析，读者已经初步观察出用户的观看时长走势分布、收视频道的排名、工作日与周末收视时长占比、点播回看的总体情况及用户支付方式。想要更清晰地展示项目的结果，需要撰写项目分析报告，帮助相关人员掌握广电大数据可视化的项目分析结果，给决策部门提供一个完整规范的方案，并帮助企业灵活调整经营决策。该分析报告包括背景与目的、分析思路、分析结果、总结和建议。由于 6.1 节已经介绍过本项目的背景与目的，因此此处不再重复介绍。

6.4.1 分析思路

（1）收集大数据平台上的数据并进行读取，熟悉数据的结构。

（2）根据项目的分析目的对收集到的数据进行清洗处理，包括对收视行为数据、账单与收费数据、订单数据和用户状态数据进行清洗处理。

（3）对清洗后的数据进行可视化分析，包括用户分析、频道分析、总时长分析、周时长分析和用户支付方式分析。

6.4.2 分析结果

由图 6-6 可知，大部分用户的观看总时长主要集中在 100～400h。且随着收视用户的增多，电视节目的观看总时长也在稳步增加。用户一个月平均每天观看 10h 左右，这说明用户对广电节目有一定的依赖性，同时也说明了广电节目对用户有一定的吸引力，但仍然有一定的增长空间。

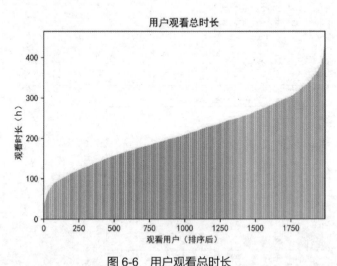

图 6-6 用户观看总时长

由图 6-7 可知，随着用户观看各频道的次数增多，观看时长也在随之增加，且后面近28%的频道提供了 80%的观看时长贡献度。出现这种情况的原因可能是部分频道具有地方特色，或播放的节目比较受欢迎。

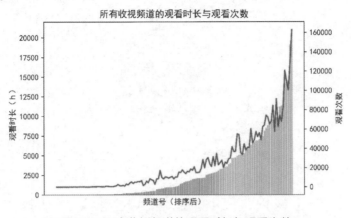

图 6-7　所有收视频道的观看时长与观看次数

由图 6-8 可知，收视排名前 15 的频道为中央 5 台、中央 1 台、广州电视、中央 4 台、凤凰中文、中央 6 台、江苏卫视、广东南方卫视、广东珠江、CCTV5+体育赛事、中央 8 台、广东体育、中央新闻、中央 3 台、翡翠台。其中，广东体育、广东珠江、广东南方卫视、广州电视都相对具有地方特色，而翡翠台则是以广东话（粤语）为主的综合娱乐频道，相对符合广东人民的喜好，同时这也从侧面证明了图 6-7 所示的分析结果。

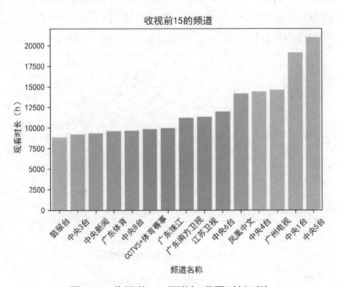

图 6-8　收视前 15 频道与观看时长对比

由图 6-9 可知，周末的观看时长占观看总时长的 52.5%，而工作日的观看时长占观看总时长的 47.5%；周末用户的观看时长集中在 20～100h，工作日用户的观看时长集中在 50～250h。虽然在比例图中，周末的比例比工作日的比例大，但是在分布图中工作日的观看总时长却比周末的观看总时长多，并且两者形状相似。出现这种情况的原因可能是周末用户可支配的时间更多，有更多的时间可用于观看电视节目，因此周末占比较大。但是周末只有 2 天，工作日有 5 天，所以工作日的观看总时长比周末的观看总时长多。

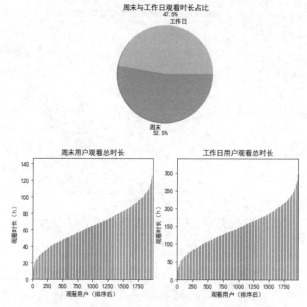

图 6-9　工作日与周末观看总时长对比

由图 6-10 和图 6-11 可知，在一周中，周一、周六、周日的观看时间较长，其中周日的观看时间最长。这说明人们更喜欢在周末观看电视节目且倾向于付费观看；而在周二到周五忙于工作，无暇顾及电视节目，可能会在周末点播回看。同时，这也从侧面证明了图 6-9 所示的分析结果。

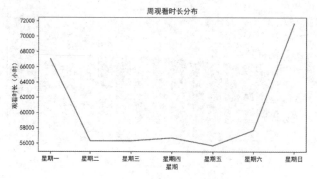

图 6-10　周观看时长分布

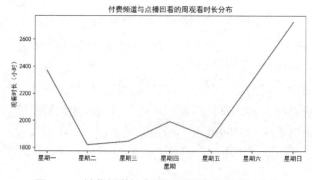

图 6-11　付费频道与点播回看的周观看时长分布

由图 6-12 可知，大多数用户选择使用现金支付，其次是翼支付托收、人行托收，选择网厅网银、短信支付、支付宝、支票、建行龙支付、微信等支付方式的用户极少。这说明用户仍受传统思想影响，倾向于使用现金支付，但是现金携带不便，会带来一定的安全隐患。因此企业可以加强宣传，引导用户选择移动支付，并加强业务集成，方便用户在终端绑定，实现一键式便捷支付。

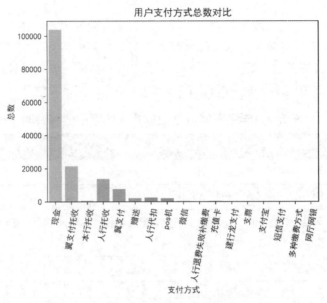

图 6-12　用户支付方式分布

6.4.3　总结和建议

通过对广电大数据进行可视化分析，本章总结和建议如下。

（1）大部分用户的观看总时长为 100~300h，且随着用户观看各频道的次数增多，观看时长也在随之增多。因此，企业可以适当地更改不同频道的节目单，增强各频道的吸引力，从而增加用户观看各频道的次数和时长。

（2）用户观看时长前 15 名的频道分别为中央 5 台、中央 1 台、广州电视、中央 4 台、凤凰中文、中央 6 台、江苏卫视、广东南方卫视、广东珠江、CCTV5+体育赛事、中央 8 台、广东体育、中央新闻、中央 3 台、翡翠台，并且周末的观看时长略高于工作日。根据这个现象，企业可以在用户观看时长前 15 名的频道中将用户喜爱的节目的投放时间把控在周末，从而提高用户的观看兴趣，增加用户黏度，从而提高收视率。

（3）大多数用户选择使用现金支付。根据这个现象，企业可以加大线上缴费服务推广宣传，吸引更多的用户，付费频道可以在周日提供更多的节目以吸引用户消费，从而增加收益。

小结

本章基于广播电视数据，包括用户的收视行为数据和收费数据，介绍了数据清洗的方法，并从用户分析、频道分析、总时长分析、周时长分析和用户支付方式分析 5 个方面对广播电视数据进行了可视化分析，同时根据可视化结果，撰写了项目分析报告。

实训　各科目考试成绩可视化项目

1. 训练要点

（1）掌握使用 seaborn 库进行数据可视化的方法。

（2）掌握撰写可视化分析报告的方法。

2. 需求说明

在现实生活中，学生的成绩与表现往往受制于多方面的因素。在教学研究中，除去对各科目考试结果本身的分析外，如果能够深入地对学生其他信息（如对学生家庭背景、性别、饮食、课前准备等影响因素）进行分析，那么老师将会进一步了解学生在考试中的表现。学生考试成绩数据集中包含 8 个字段，共计 1000 条数据，其字段信息说明如表 6-2 所示。

表 6-2　学生考试成绩数据集中的字段信息说明

字段名称	字段含义	示例
性别	学生的性别，包括女、男	女
民族	学生所属的民族，包括 A、B、C、D、其他	A
父母受教育程度	父母受教育程度，包括硕士学位、学士学位、大学未毕业、副学士学位、高中毕业、高中未毕业	硕士学位
午餐	学生所用午餐的标准，包括标准、免费	标准
课程完成情况	前置课程完成情况，包括完成、未完成	完成
数学成绩	数学成绩，满分为 100 分	69
阅读成绩	阅读成绩，满分为 100 分	90
写作成绩	写作成绩，满分为 100 分	80

为了了解不同性别的学生在数学、阅读、写作中的表现，了解父母受教育程度对学生数学、阅读、写作是否有影响，了解午餐标准对学生成绩是否有影响，了解考试准备充分是否有助于提高学生成绩，需要对学生考试成绩数据集进行数据读取、处理、可视化分析。

3. 实现步骤

（1）使用 pandas 库读取文件，查看原始数据的相关特征和描述信息，检查是否有空值。

（2）分别获取数据框中的阅读成绩、数学成绩、写作成绩 3 个字段，累加求和计算出每个学生的总分 total_score，再除以 3 得到平均分 percentage。

（3）设置各门课及格线为 60 分，分别判断学生是否通过（Fail/Pass）每门课，合并新的数据列 pass_reading、pass_math、pass_writing。

（4）判断每个学生的整体状态是否通过。如果 3 门课中有一门为 Fail，则最后考核为 Fail，合并新的数据列 status。

（5）对于总评是 Pass 的数据，根据平均分设置 5 级制成绩，即 percentage 大于 90 分为优秀，80 ~ 90 分为良好，70 ~ 79 分为中等，60 ~ 69 分为及格，其他为不及格。

（6）绘制可视化图形，具体操作如下。

① 绘制父母受教育程度的水平柱状图。

② 绘制全体学生成绩分布饼图。

③ 绘制各科成绩分布直方图。

④ 绘制父母受教育程度与前置课程是否完成统计分类图。

⑤ 绘制成绩评级与性别分布箱线图。

⑥ 绘制午餐标准与总成绩的性别分类散点图。

⑦ 绘制各特征的相关热力图。

第 7 章　新零售智能销售数据可视化项目实战

科技是第一生产力、人才是第一资源、创新是第一动力，零售业凭借创新驱动发展战略，借助科技实现智能、自助式购物。新零售智能销售设备在当今时代已得到了普及，通常被放置在公司、学校、旅游景点等人流密集的地方。本项目结合新零售智能销售设备的实际情况，对其销售历史数据进行处理，利用 pyecharts 库进行交互式可视化分析，并提供相应的新零售智能销售设备市场需求分析报告及销售建议。

学习目标

（1）了解新零售智能销售设备市场现状。
（2）熟悉新零售智能销售数据可视化项目的流程与步骤。
（3）掌握获取新零售智能销售数据的方法。
（4）掌握对原始数据进行清洗、规约的方法。
（5）掌握对新零售智能销售数据进行可视化分析的方法。
（6）掌握撰写项目分析报告的方法。

7.1　了解项目背景与目标

新零售智能销售设备是商业自动化的常用设备，它不受时间、地点的限制，能节省人力，方便交易。某公司在广东省投放了大量的新零售智能销售设备，但是目前的经营状况并不理想。因此，需要了解该公司后台管理系统数据的基本情况，找出经营状况不理想的具体原因。

7.1.1　了解项目背景

新零售智能销售产业正在走向信息化，并将进一步实现合理化。由新零售智能销售设备的发展趋势可知，它是由劳动密集型的产业构造向技术密集型的产业构造转变的产物。大量生产、消费模式和销售环境的变化，要求出现新的流通渠道，而超市、百货购物中心等流通渠道的人工费用也不断上升，再加上场地的局限性和购物的便利性等因素的制约，新零售智能销售设备作为一种必需的机器便应运而生了。

某公司在广东省的 8 个市部署了 376 台新零售智能销售设备，为了分析新零售智能销售设备数量与销售收入的情况，根据近 6 个月的新零售智能销售设备的销售数据，结合销售背景从销售、库存、用户 3 个方面进行分析，并利用 pyecharts 可视化库展现销售现状。

7.1.2　熟悉数据情况

目前新零售智能销售设备后台管理系统已经积累了大量用户的购买记录，包含 2018 年 4 月至 2018 年 9 月的商品购买信息，以及所有的子类目信息，主要包括"订单表.xlsx"和"商品表.xlsx"，对应的数据字典分别如表 7-1、表 7-2 所示。

表 7-1　订单表数据字典

字　段	含　义	示　例
订单编号	每笔订单的编号	112531qr15251001151105
购买数量（个）	用户下单购买的商品个数	1
手续费（元）	第三方平台收取的手续费	0.05
总金额（元）	用户实际付款金额	2.5
支付状态	用户选择的支付方式	微信
出货状态	是否出货成功	出货成功
收款方	实际收款方	鑫零售结算
退款金额（元）	退款给用户的金额	0.00000
购买用户	用户在平台的用户名	oo-CjVwGlFQbkRohFqp3RvbouV5yQ
商品详情	商品详细信息	可口可乐 X1
机器地址	售货机摆放地址	广东省广州市天河区
软件版本	售货机软件版本号	V2.1.55/1.2;rk3288

表 7-2　商品表数据字典

字　段	含　义	示　例
商品名称	商品名称	黑人牙膏
销售数量（个）	售货机商品的销售数量	5
销售金额（元）	售货机商品的销售金额	25
利润（元）	商品利润	10
库存数量（个）	库存数量	14
进货数量（个）	进货数量	52
存货周转天数（元）	存货周转天数	7
月份	月份	4

7.1.3　熟悉项目流程

新零售智能销售数据可视化项目的总体流程如图 7-1 所示，主要步骤如下。

（1）从新零售智能销售设备后台管理系统获取原始数据。

（2）对原始数据进行数据预处理，包括数据清洗、降维、字段规约。

（3）根据行业背景，从销售、库存和用户 3 个方面对处理后的新零售智能销售数据进行数据分析与可视化。

（4）撰写新零售智能销售项目分析报告。

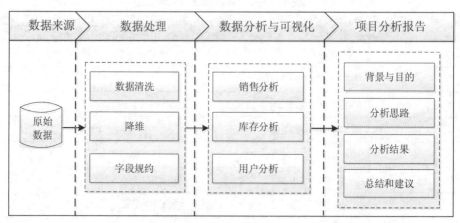

图 7-1　新零售智能销售数据可视化项目总体流程

7.2　读取与处理新零售智能销售数据

对原始数据进行观察后，发现数据中存在一定的噪声数据，如"商品详情"字段中存在"158 号 X1""0401X1"等多余的信息；商品名称不一致，如"罐装芬达原味 x1""罐装芬达原味 X1"；部分销售记录数据项缺失等。这些噪声数据将会对后续数据的统计和分析造成一定的影响，所以需要进行数据清洗和数据规约处理。

7.2.1　读取数据

新零售智能销售的数据文件主要有订单表 2018-4.csv、订单表 2018-5.csv、订单表 2018-6.csv、订单表 2018-7.csv、订单表 2018-8.csv、订单表 2018-9.csv 和商品表.xlsx。在 Python 中导入新零售智能销售数据，如代码 7-1 所示。

代码 7-1　读取数据

```
In[1]:    import pandas as pd
          data4 = pd.read_csv('../data/订单表 2018-4.csv', encoding='gbk')
          data5 = pd.read_csv('../data/订单表 2018-5.csv', encoding='gbk')
          data6 = pd.read_csv('../data/订单表 2018-6.csv', encoding='gbk')
          data7 = pd.read_csv('../data/订单表 2018-7.csv', encoding='gbk')
          data8 = pd.read_csv('../data/订单表 2018-8.csv', encoding='gbk')
          data9 = pd.read_csv('../data/订单表 2018-9.csv', encoding='gbk')
          goods_info = pd.read_excel('../data/商品表.xlsx')
          print(data4.shape, data5.shape, data6.shape, data7.shape,
              data8.shape, data9.shape, goods_info.shape)
```

```
Out[1]:   (2077, 14) (46068, 14) (51925, 14) (77644, 14) (86459, 14) (86723,
          14) (3626, 8)
```

由代码 7-1 的运行结果可知：2018 年 4—9 月的订单表中分别含有 2077 条、46068 条、51925 条、77644 条、86459 条、86723 条记录，商品表中有 3626 条记录。

7.2.2　清洗数据

由于订单表的数据是按月份分开存放的，为了方便后续对数据进行处理和可视化，需要对订单数据进行合并处理，如代码 7-2 所示。

代码 7-2　合并订单表

```
In[2]:    data = pd.concat([data4, data5, data6, data7, data8, data9],
          ignore_index=True)
          print('订单表合并后的形状为', data.shape)

Out[2]:   订单表合并后的形状为 (350896, 14)
```

由代码 7-2 的运行结果可知：合并后的订单数据有 350896 条记录。

当合并订单表的数据后，为了了解订单表的数据基本情况，需要进行缺失值检测，如代码 7-3 所示。

代码 7-3　订单表缺失值检测

```
In[3]:    print('订单表各字段的缺失值数目为: \n', data.isnull().sum())

Out[3]:   订单表各字段的缺失值数目为:
          设备编号            0
          下单时间            0
          订单编号            0
          购买数量(个)         0
          手续费(元)          0
          总金额(元)          0
          支付状态            0
          出货状态            3
          收款方           276
          退款金额(元)         0
          购买用户            0
          商品详情            0
          省市区             0
          软件版本            0
          dtype: int64
```

由代码 7-3 的运行结果可知：订单表中含有缺失值的记录总共有 279 条，相对较少，可直接使用删除法对其中的缺失值进行处理，如代码 7-4 所示。

代码 7-4　处理订单表中的缺失值

```
In[4]:      # 删除缺失值
            print('删除缺失值前订单表行列数目为: ', data.shape)
            data = data.dropna(how='any')  # 删除
            print('删除缺失值后订单表行列数目为: ', data.shape)

Out[4]:     删除缺失值前订单表行列数目为:  (350896, 14)
            删除缺失值后订单表行列数目为:  (350617, 14)
```

同样，对商品表进行缺失值检测和处理，如代码 7-5 所示。

代码 7-5　对商品表进行缺失值检测和处理

```
In[5]:      # 缺失值检测
            print('商品表各字段的缺失值数目为: \n', goods_info.isnull().sum())
            print('删除缺失值前商品表行列数目为: ', goods_info.shape)
            goods_info = goods_info.dropna(how='any')
            print('删除缺失值后商品表行列数目为: ', goods_info.shape)

Out[5]:     商品表各字段的缺失值数目为:
            商品名称      392
            销售数量        0
            销售金额        0
            利润          0
            库存数量        0
            进货数量        0
            存货周转天数      0
            月份          0
            dtype: int64
            删除缺失值前商品表行列数目为:  (3626, 8)
            删除缺失值后商品表行列数目为:  (3234, 8)
```

为了满足后续的数据可视化需求，需要在订单表中增加"市"字段，如代码 7-6 所示。

代码 7-6　增加"市"字段

```
In[6]:      # 从省市区中提取"市"的信息，并创建新字段
            data['市'] = data['省市区'].str[3: 6]
            print('经过处理后前 5 行为: \n', data.head())

Out[6]:     经过处理后前 5 行为:
               设备编号    下单时间              软件版本                    市
            0  112531  2018/4/30 22:55 ... V2.1.55/1.2;rk3288          中山市
            1  112673  2018/4/30 22:50 ... V3.0.37;rk3288;(900x1440)  佛山市
            2  112636  2018/4/30 22:35 ... V2.1.55/1.2;rk3288          广州市
            3  112636  2018/4/30 22:33 ... V2.1.55/1.2;rk3288          广州市
            4  112636  2018/4/30 21:33 ... V2.1.55/1.2;rk3288          广州市
```

注：已省略部分结果。

　　浏览订单表中的数据发现，在"商品详情"字段中存在异名同义的情况，即两个名称不同的字段所代表的实际意义是一致的，如"柠檬茶 X1""柠檬茶 x1"等。因为这种情况会对后面的可视化分析结果造成一定的影响，所以需要对订单表中的"商品详情"字段进行处理，即增加"商品名称"字段，如代码 7-7 所示。

代码 7-7　处理订单表中的"商品详情"字段

```
In[7]:     # 定义一个需剔除字符的 list
           error_str = [' ', '(', ')', '(', ')', '0', '1', '2', '3', '4', '5', '6',
                        '7', '8', '9', 'g', 'l', 'm', 'M', 'L', '听', '特', '饮', '罐',
                        '瓶', '只', '装', '欧', '式', '&', '%', 'X', 'x', ';']
           # 使用循环剔除指定字符
           for i in error_str:
               data['商品详情'] = data['商品详情'].str.replace(i, '')
           # 新建"商品名称"字段，用于存放新数据
           data['商品名称'] = data['商品详情']
           data['商品名称'][0: 5]
```

```
Out[7]:    0      可口可乐
           1      旺仔牛奶
           2       雪碧
           3     阿萨姆奶茶
           4      王老吉
           Name: 商品名称, dtype: object
```

　　浏览订单表中的数据发现，在"总金额(元)"字段中，存在个别订单的金额很小的情况，如 0 元、0.01 元等。在现实生活中，这种记录存在的情况极少，并且这部分数据不具有分析的意义。因此，在本项目中，对订单的金额小于 0.5 元的记录进行删除处理，如代码 7-8 所示。

代码 7-8　删除"总金额(元)"字段中订单金额较小的记录

```
In[8]:     # 删除金额较少的订单前的数据量
           print(data.shape)
           # 删除金额较少的订单后的数据量
           data = data[data['总金额(元)'] >= 0.5]
           print(data.shape)
```

```
Out[8]:    (350617, 16)
           (350450, 16)
```

　　同时，在商品表的"商品名称"字段中也存在异名同义的问题，如"阿沙姆奶茶"与"阿萨姆奶茶"，以及"百事可乐""可口可乐""可乐"等字段。因此，需要对商品表的"商品名称"字段进行处理，如代码 7-9 所示。

代码 7-9　处理商品表的"商品名称"字段

```
In[9]:      # 统一"商品名称"字段中的部分商品名
            goods_info['商品名称'] = goods_info['商品名称'].str.replace('可口
            可乐', '可乐')
            goods_info['商品名称'] = goods_info['商品名称'].str.replace(' ', '')
            goods_info['商品名称'] = goods_info['商品名称'].str.replace('可比
            克薯片烧烤味', '可比克烧烤味')
            goods_info['商品名称'] = goods_info['商品名称'].str.replace('可比
            克薯片牛肉味', '可比克牛肉味')
            goods_info['商品名称'] = goods_info['商品名称'].str.replace('可比
            克薯片番茄味','可比克番茄味')
            goods_info['商品名称'] = goods_info['商品名称'].str.replace('阿沙
            姆奶茶', '阿萨姆奶茶')
            goods_info['商品名称'] = goods_info['商品名称'].str.replace('罐装百威',
            '罐装百威啤酒')
            print(goods_info['商品名称'])
```

```
Out[9]:     0           黑派黑水
            1           黑派黑水
            2           黑派黑水
            3           黑派黑水
            4           黑派黑水
            ...         ...
            3229        18g 旺仔小馒头
            3230        18g 旺仔小馒头
            3231        18g 旺仔小馒头
            3232        18g 旺仔小馒头
            3233        18g 旺仔小馒头
            Name: 商品名称, Length: 3234, dtype: object
```

注：已省略部分结果。

7.2.3　规约数据

由于部分字段数据对后续的统计分析和数据可视化没有实际意义，为了减少数据挖掘消耗的时间和存储空间，需要对数据进行降维和字段规约处理。

1. 属性选择

因为订单表中的"手续费(元)""收款方""软件版本""省市区""商品详情""退款金额(元)"等字段对本项目的分析没有意义，所以需要对它们进行删除处理，实现数据的降维，如代码 7-10 所示。

代码 7-10　数据降维处理

```
In[10]:    # 降维订单表
           data = data.drop(['手续费(元)', '收款方', '软件版本', '省市区',
                             '商品详情', '退款金额(元)'], axis=1)
           print('降维后，数据字段为：\n', data.columns.values)

Out[10]:   降维后，数据字段为：
            ['设备编号' '下单时间' '订单编号' '购买数量(个)' '总金额(元)' '支付状
           态' '出货状态' '购买用户' '市' '商品名称']
```

2. 字段规约

订单表的"下单时间"字段中含有的信息量多，并且存在概念分层，需要对该字段进行数据规约，提取需要的信息。提取相应的"小时"字段和"月份"字段，进一步泛化"小时"字段为"下单时间段"字段。当小时≤5时为"凌晨"，当 5<小时≤8 时为"早晨"，当 8<小时≤11 时为"上午"，当 11<小时≤13 时为"中午"，当 13<小时≤16 时为"下午"，当 16<小时≤19 时为"傍晚"，当 19<小时≤24 为"晚上"。在 Python 中规约订单表中的字段，如代码 7-11 所示。

代码 7-11　规约订单表中的字段

```
In[11]:    # 将时间格式的字符串转换为标准的时间格式
           data['下单时间'] = pd.to_datetime(data['下单时间'])
           data['小时'] = data['下单时间'].dt.hour  # 提取时间中的小时
           data['月份'] = data['下单时间'].dt.month  # 提取时间中的月份
           data['下单时间段'] = 'time'  # 新增"下单时间段"字段，并将其初始化为 time
           exp1 = data['小时'] <= 5  # 判断小时是否小于等于 5
           # 条件为真则当前时间段为凌晨
           data.loc[exp1, '下单时间段'] = '凌晨'
           # 判断小时是否大于 5 且小于等于 8
           exp2 = (5 < data['小时']) & (data['小时'] <= 8)
           # 条件为真则当前时间段为早晨
           data.loc[exp2, '下单时间段'] = '早晨'
           # 判断小时是否大于 8 且小于等于 11
           exp3 = (8 < data['小时']) & (data['小时'] <= 11)
           # 条件为真则当前时间段为上午
           data.loc[exp3, '下单时间段'] = '上午'
           # 判断小时是否大于 11 且小于等于 13
           exp4 = (11 < data['小时']) & (data['小时'] <= 13)
           # 条件为真则当前时间段为中午
           data.loc[exp4, '下单时间段'] = '中午'
           # 判断小时是否大于 13 且小于等于 16
           exp5 = (13 < data['小时']) & (data['小时'] <= 16)
           # 条件为真则当前时间段为下午
           data.loc[exp5, '下单时间段'] = '下午'
```

```
# 判断小时是否大于 16 且小于等于 19
exp6 = (16 < data['小时']) & (data['小时'] <= 19)
# 条件为真则当前时间段为傍晚
data.loc[exp6, '下单时间段'] = '傍晚'
# 判断小时是否大于 19 且小于等于 24
exp7 = (19 < data['小时']) & (data['小时'] <= 24)
# 条件为真则当前时间段为晚上
data.loc[exp7, '下单时间段'] = '晚上'
print('处理完成后的订单表前 5 行为: \n', data.head())
data.to_csv('../tmp/order.csv', index=False, encoding = 'gbk')
```

Out[11]: 处理完成后的订单表前 5 行为：

	设备编号	下单时间	...	小时	月份	下单时间段
0	112531	2018-04-30 22:55:00	...	22	4	晚上
1	112673	2018-04-30 22:50:00	...	22	4	晚上
2	112636	2018-04-30 22:35:00	...	22	4	晚上
3	112636	2018-04-30 22:33:00	...	22	4	晚上
4	112636	2018-04-30 21:33:00	...	21	4	晚上

注：已省略部分结果。

7.3 绘制可视化图形

由于销售数据中含有的数据量较多，企业管理人员和决策制定者无法直观了解目前新零售智能销售设备的销售状况，因此需要对处理好的数据进行可视化分析，直观地展示销售走势及各区销售情况，为决策者提供参考。

7.3.1 绘制销售分析图

商品销售情况在一定程度上可反映商品的销售数量、销售额等，对商品销售额、订单数量和各市销售额等销售情况进行分析，可以发现存在的问题，从而做好下一阶段的销售工作。从销售额与新零售智能销售设备数量、订单数量与新零售智能销售设备数量、畅销与滞销商品、各市商品销售占比情况等角度，对新零售智能销售设备的销售情况进行分析，并进行可视化展示，从而使企业管理人员了解新零售智能销售设备的基本销售情况。

1. 销售额与新零售智能销售设备数量的关系

探索近 6 个月销售额和新零售智能销售设备数量之间的关系，并按时间走势进行可视化分析，如代码 7-12 所示。

代码 7-12　销售额和新零售智能销售设备数量之间的关系

```
In[12]:  import pandas as pd
         import numpy as np
         from pyecharts.charts import Line
         from pyecharts import options as opts
         import matplotlib.pyplot as plt
         from pyecharts.charts import Bar
```

```
from pyecharts.charts import Pie
from pyecharts.charts import Grid

data = pd.read_csv('../tmp/order.csv', encoding='gbk')
def f(x):
    return len(list(set((x.values))))
groupby1 = data.groupby(by='月份', as_index=False).agg(
    {'设备编号': f, '总金额(元)': np.sum})
groupby1.columns = ['月份', '设备数量', '销售额']
line = (Line()
        .add_xaxis([str(i) for i in groupby1['月份'].values.tolist()])
        .add_yaxis('销售额', np.round(groupby1['销售额'].values.
tolist(), 2))
        .add_yaxis('设备数量', groupby1['设备数量'].values.tolist(),
yaxis_index=1)
        .set_series_opts(label_opts=opts.LabelOpts(is_show=True,
                                                   position='top',
                                                   font_size=10))
        .set_global_opts(
            xaxis_opts=opts.AxisOpts(
            name='月份', name_location='center', name_gap=25),
            title_opts=opts.TitleOpts(
            title='销售额和新零售智能销售设备数量之间的关系'),
            yaxis_opts=opts.AxisOpts(
                name='销售额(元)', name_location='center', name_gap=60,
                axislabel_opts=opts.LabelOpts(
                formatter='{value}')))
        .extend_axis(
            yaxis=opts.AxisOpts(
                name='设备数量(台)', name_location='center', name_gap=40,
                axislabel_opts=opts.LabelOpts(
                formatter='{value}'), interval=50))
        )
line.render_notebook()
```

Out[12]:

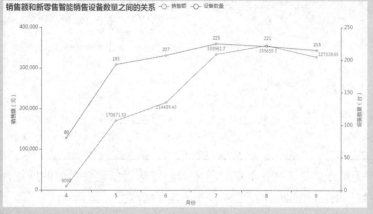

扫码看彩图

由代码 7-12 的运行结果可知：在 4~7 月这段时间，随着新零售智能设备数量的增加，销售额也在增加；但 8 月相对 7 月而言，设备数量减少了，但销售额还保持了一定的增长。

2. 订单数量与新零售智能销售设备数量的关系

探索近 6 个月订单数量和新零售智能销售设备数量之间的关系，并按时间走势进行可视化分析，如代码 7-13 所示。

代码 7-13　订单数量和新零售智能销售设备数量之间的关系

```
In[13]:    groupby2 = data.groupby(by='月份', as_index=False).agg(
               {'设备编号': f, '订单编号': f})
           groupby2.columns = ['月份', '设备数量', '订单数量']
           # 绘制图形
           plt.figure(figsize=(10, 4))
           plt.rcParams['font.sans-serif'] = ['SimHei']
           plt.rcParams['axes.unicode_minus'] = False
           fig, ax1 = plt.subplots()  # 使用 subplots 函数创建窗口
           ax1.plot(groupby2['月份'], groupby2['设备数量'], '--')
           ax1.set_yticks(range(0, 350, 50))  # 设置 y1 轴的刻度范围
           ax1.legend(('设备数量',), loc='upper left', fontsize=10)
           ax2 = ax1.twinx()  # 创建第二个坐标轴
           ax2.plot(groupby2['月份'], groupby2['订单数量'])
           ax2.set_yticks(range(0, 100000, 10000))  # 设置 y2 轴的刻度范围
           ax2.legend(('订单数量',), loc='left', fontsize=10)
           ax1.set_xlabel('月份')
           ax1.set_ylabel('设备数量（台）')
           ax2.set_ylabel('订单数量（单）')
           plt.title('订单数量和新零售智能销售设备数量之间的关系')
           plt.show()
```

Out[13]:

由代码 7-13 的运行结果可知：订单数量随着新零售智能设备数量的增加而增加，随着新零售智能设备数量的减少而减少，二者存在一定的相关性。

由于各市的设备数量并不一致，因此需探索各市新零售智能设备平均销售总额并进行

对比，绘制条形图，如代码 7-14 所示。

代码 7-14　各市新零售智能设备平均销售总额条形图

```
In[14]:    gruop3 = data.groupby(by='市', as_index=False).agg({'总金额
           (元)':sum, '设备编号':f})
           gruop3['销售总额'] = np.round(gruop3['总金额(元)'], 2)
           gruop3['平均销售总额'] = np.round(gruop3['销售总额'] / gruop3['设备
           编号'], 2)
           plt.bar(gruop3['市'].values.tolist(), gruop3['平均销售总额
           '].values.tolist(),
                   color='#483D8B')
           # 给条形图添加数据标注
           for x, y in enumerate(gruop3['平均销售总额'].values):
               plt.text(x - 0.4, y + 100, '%s' %y, fontsize=8)
           plt.title('各市新零售智能设备平均销售总额')
           plt.show()
```

Out[14]:

由代码 7-14 的运行结果可知：深圳市的平均销售总额领先于其他城市，达到了 6538.28 元；清远市销售额是最少的，只有 414.27 元。

3. 畅销和滞销商品

查找出近 6 个月销售额前 10 和后 10 的商品，从而找出畅销商品和滞销商品，并对它们的销售金额进行可视化分析，如代码 7-15 和代码 7-16 所示。

代码 7-15　10 种畅销商品

```
In[15]:    group4 = data.groupby(by='商品名称', as_index=False)['总金额
           (元)'].sum()
           group4.sort_values(by='总金额(元)', ascending=False, inplace=True)
           d = group4.iloc[: 10]
           x_data = d['商品名称'].values.tolist()
           y_data = np.round(d['总金额(元)'].values, 2).tolist()
```

```
bar = (Bar()
       .add_xaxis(x_data)
       .add_yaxis('', y_data, color='#CD853F')
       .set_global_opts(title_opts=opts.TitleOpts(title='畅销前
10的商品'),
                        xaxis_opts=opts.AxisOpts(
                            type_='category', name_rotate='45',
                            axislabel_opts={'interval': '0'})))
bar.render_notebook()
```

Out[15]:

畅销前10的商品

由代码 7-15 的运行结果可知：销售金额排在第一的是东鹏，销售额达到了 56230.2 元，其次是红牛和阿萨姆奶茶等商品。

代码 7-16   10 种滞销商品

```
In[16]:    # 找出销售金额后 10 的商品及其金额
group4 = data.groupby(by='商品名称', as_index=False)['总金额
(元)'].sum()
group4.sort_values(by='总金额(元)', ascending=False, inplace=True)
d = group4.iloc[-10: ]
x_data = d['商品名称'].values.tolist()
y_data = np.round(d['总金额(元)'].values, 2).tolist()
bar = (Bar()
       .add_xaxis(x_data)
       .add_yaxis('', y_data, label_opts=opts.LabelOpts(position=
'right'))
       .set_global_opts(title_opts=opts.TitleOpts(
                        title='滞销后 10 的商品'),
                        xaxis_opts=opts.AxisOpts(
                            axislabel_opts={'interval': '0'}))
       .reversal_axis()
       )
grid=Grid(init_opts=opts.InitOpts(width='600px',height='400px'))
grid.add(bar,grid_opts=opts.GridOpts(pos_left='18%'))
grid.render_notebook()
```

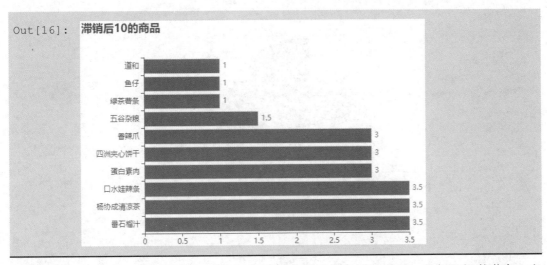

由代码 7-16 的运行结果可知：销售金额排在最后的商品是道和、鱼仔和绿茶薯条，它们的销售金额只有 1 元。

4. 各市商品销售占比情况

探索近 6 个月各市销售金额前 10 的商品占比情况，并对它们进行可视化分析，如代码 7-17 所示。

代码 7-17　各市销售金额前 10 的商品占比情况

```
In[17]:    group5 = data.groupby(by=['市', '商品名称'], as_index=False)['总
           金额(元)'].sum()
           group5.sort_values(by='总金额(元)', ascending=False, inplace=True)
           citys = list(set(group5['市'].values))
           for j in range(len(citys)):
               city = group5[group5['市'] == citys[j]]
               city = city.iloc[:10]
               d = [[city.iloc[i][1], np.round(city.iloc[i][2], 2)] for i in
           range(len(city))]
               pie = (Pie(init_opts=opts.InitOpts(width='800px', height='600px'))
                       .add('', d, radius=[20, 180], rosetype='radius', center=[400,
           300],
                           color =['#FF3366', '#FF00CC', '#666FF', '#FFCC00',
                                   '#FFCCCC', '#CCFF33', '#33FF99', '#999900',
                                   '#99FFFF', '#CCCCCC'])
                       .set_series_opts(label_opts=opts.LabelOpts(formatter=
           '{b}:{d}%'))
                       .set_global_opts(title_opts=opts.TitleOpts(
                           title=citys[j], pos_bottom='10%', pos_left='50%'),
                           legend_opts=opts.LegendOpts(is_show=False))
                       )
               pie.render(citys[j]+'.html')
           pie.render_notebook()
```

Out[17]:

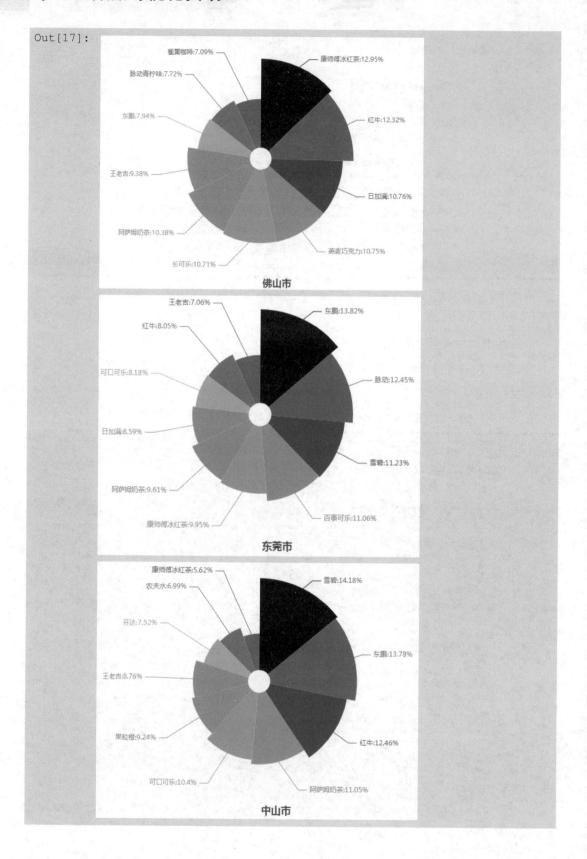

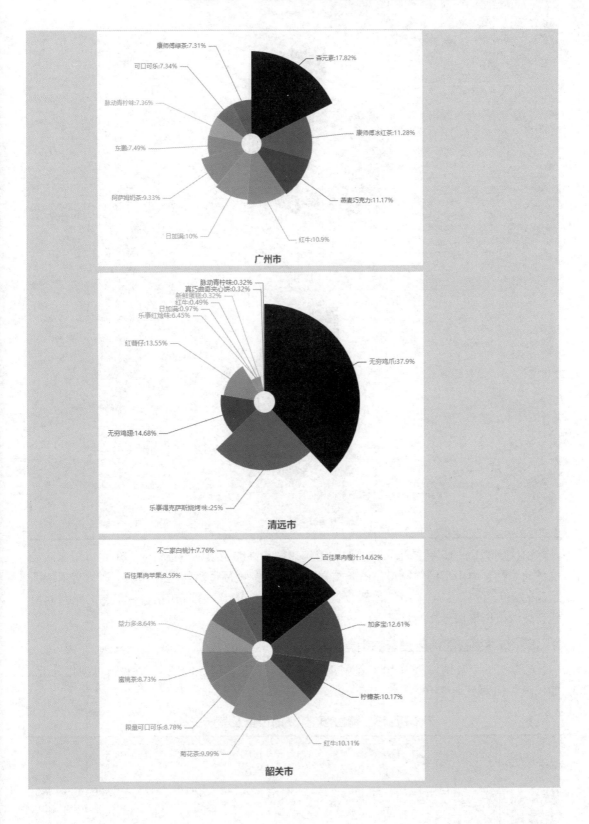

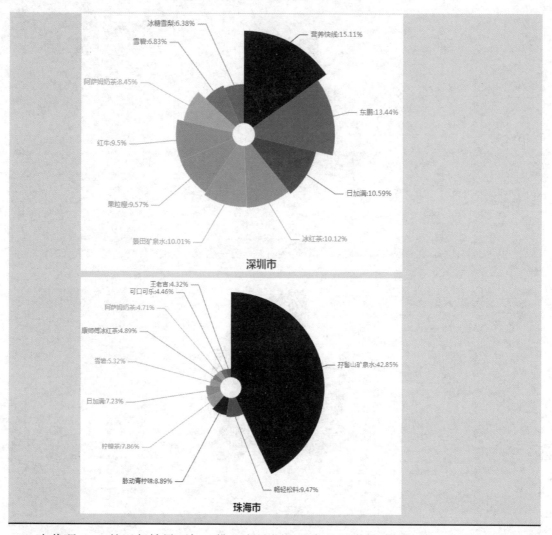

由代码 7-17 的运行结果可知：佛山市销售额最高的是康师傅冰红茶，东莞市销售额最高的是东鹏，中山市销售额最高的是雪碧，广州市销售额最高的是森元素，清远市销售额最高的是无穷鸡爪，韶关市销售额最高的是百佳果肉橙汁，深圳市销售额最高的是营养快线，珠海市销售额最高的是孖髻山矿泉水。

5. 新零售智能销售设备的销售情况

探索近 6 个月销售额前 10 和销售额后 10 的设备及其所在的城市，并进行可视化分析，如代码 7-18 和代码 7-19 所示。

代码 7-18　销售额前 10 的设备及其所在城市

```
In[18]:   group6 = data.groupby(by=['市', '设备编号'], as_index=False)['总
          金额(元)'].sum()
          group6.sort_values(by='总金额(元)', ascending=False, inplace=
          True)
          b = group6[: 10]
```

```
label = []
# 销售额前10的设备编号及其所在市
for i in range(len(b)):
    a = b.iloc[i, 0] + str(b.iloc[i, 1])
    label.append(a)
x = np.round(b['总金额(元)'], 2).values.tolist()
y = range(10)
plt.bar(x=0, bottom=y, height=0.4, width=x, orientation='horizontal')
plt.xticks(range(0, 80000, 10000))  # 设置x轴的刻度范围
plt.yticks(range(10), label)
for y, x in enumerate(np.round(b['总金额(元)'], 2).values):
    plt.text(x + 500, y - 0.2, "%s" %x)
plt.xlabel('总金额(元)')
plt.title('销售额前10的设备及其所在市')
plt.show()
```

Out[18]:

由代码 7-18 的运行结果可知：销售额前 10 的设备主要集中在中山市、广州市和东莞市，销售额前 3 的设备都集中在中山市。

代码 7-19　销售额后 10 的设备及其所在城市

```
In[19]:  group6 = data.groupby(by=['市', '设备编号'], as_index=False)['总
金额(元)'].sum()
group6.sort_values(by='总金额(元)', ascending=False, inplace=True)
b = group6[-10: ]
label1 = []
# 销售额后10的设备编号及其所在市
for i in range(len(b)):
    a = b.iloc[i, 0] + str(b.iloc[i, 1])
    label1.append(a)
x = np.round(b['总金额(元)'], 2).values.tolist()
y = range(10)
plt.bar(x=0, bottom=y, height=0.4, width=x, orientation='horizontal')
plt.xticks(range(0, 4, 1))  # 设置x轴的刻度范围
plt.yticks(range(10), label1)
```

```
for y, x in enumerate(np.round(b['总金额(元)'], 2).values):
    plt.text(x, y, "%s" %x)
plt.xlabel('总金额(元)')
plt.title('销售额后 10 的设备及其所在市')
plt.show()
```

Out[19]:

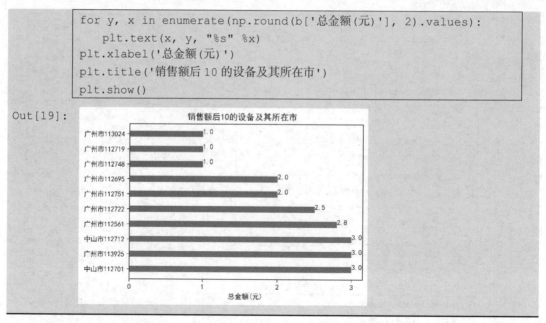

由代码 7-19 的运行结果可知：广州市的设备 113024、112719、112748 的销售额只有 1 元，而销售额后 10 的设备全部在广州市和中山市。

统计各城市销售金额小于 100 元的设备数量，并进行可视化分析，如代码 7-20 所示。

代码 7-20　各城市销售金额小于 100 元的设备数量

```
In[20]:  l_b = group6[group6['总金额(元)'] < 100]
         lb = l_b.groupby(by='市', as_index=False)['设备编号'].count()
         x_data = lb['市'].values.tolist()
         y_data = lb['设备编号'].values.tolist()
         bar = (Bar(init_opts=opts.InitOpts(width='500px', height='400px'))
             .add_xaxis(x_data)
             .add_yaxis('', y_data)
             .set_global_opts(title_opts=opts.TitleOpts(
                     title='各市销售额小于 100 的设备数量'))
             )
         bar.render_notebook()
```

Out[20]:

由代码 7-20 的运行结果可知：广州市销售金额小于 100 元的设备数量达到了 52 台，中山市有 20 台，深圳市、珠海市和韶关市各有 1 台。

7.3.2　绘制库存分析图

在库存管理中，需要对库存进行分析，实现库存的合理配置，从而在保证销售货源正常供应的同时，最大程度减少库存积压，提高资金的流通性。从库存角度出发，利用售罄率、库存成本、进货量、库存量和销售量等指标对库存进行分析，并进行可视化展示。

1. 售罄率分析

售罄率是指产品的累计销售量占总进货量的比例，可用于反映商品的销售速度。其中销售量和进货量可以是数量，也可以是金额。售罄率的计算如式（7-1）所示。

$$售罄率 = 销售量 / 进货量 \tag{7-1}$$

分析近 6 个月商品整体的售罄率，并进行可视化分析，如代码 7-21 所示。

代码 7-21　售罄率月走势

```
In[21]:    goods_info = pd.read_csv('../tmp/goods_info.csv', encoding='gbk')
           sale_out = goods_info.groupby('月份').agg(
               {'销售数量': sum})['销售数量'] / goods_info.groupby('月份').agg(
               {'进货数量': sum})['进货数量']
           # print('各月份的售罄率为: \n',sale_out)
           # 绘制售罄率月走势折线图
           x_data = [str(i) + '月' for i in sale_out.index.tolist()]
           y_data = np.round(sale_out, 4).values.tolist()
           plt.plot(x_data, y_data)
           for i in range(len(y_data)):
               plt.text(x_data[i], y_data[i], '%s' %round(y_data[i],3),
           fontsize=10)
           plt.title('售罄率月走势')
           plt.show()
```

Out[21]:

由代码 7-21 的运行结果可知：售罄率从 5 月到达 0.331 后就开始下降，直到 9 月才略有回升，但仍处于一个较低的水平，因此它有很大的提升空间。

2. 库存成本分析

库存成本是指存储在仓库的商品所需的成本，其计算如式（7-2）所示。

$$库存成本 = 销售单价 \times 库存量 \tag{7-2}$$

分析各个月库存成本走势，并进行可视化分析，如代码 7-22 所示。

代码 7-22　各个月库存成本走势

```
In[22]:  goods_info['库存成本'] = goods_info['销售金额'] / goods_info['销售
数量'] * (
                      goods_info['库存数量'])
         goods_cost = goods_info.groupby('月份').agg({'库存成本': sum})
         x_data = [str(i) + '月' for i in goods_cost.index.tolist()]
         y_data = np.round(goods_cost, 2).values.tolist()
         line = (Line()
             .add_xaxis(x_data)
             .add_yaxis('', y_data)
             .set_series_opts(label_opts=opts.LabelOpts(is_show=True,
                                             position='left'))
             .set_global_opts(title_opts=opts.TitleOpts(
                 title='各个月库存成本走势'))
             )
         line.render_notebook()
```

Out[22]:

由代码 7-22 的运行结果可知 4~9 月的库存成本在逐渐上升。

3. 进货数量、库存数量和销售数量走势分析

分析近 6 个月内进货数量、库存数量和销售数量的走势，并进行可视化分析，如代码 7-23 所示。

代码 7-23　进货数量、库存数量和销售数量走势

```
In[23]:  sale_in_out = goods_info.groupby(
             by='月份')['销售数量', '库存数量', '进货数量'].sum()
         x_data = [str(i) + '月' for i in sale_in_out.index.tolist()]
         line = (Line() .add_xaxis(x_data)
                 .add_yaxis('销售数量', sale_in_out['销售数量'].values.tolist(),
         color='red',
                     label_opts=opts.LabelOpts(is_show=False))
```

```
              .add_yaxis('库存数量', sale_in_out['库存数量'].values.tolist(),
color='blue',
                    label_opts=opts.LabelOpts(is_show=False))
              .add_yaxis('进货数量', sale_in_out['进货数量'].values.tolist(),
color='green',
                    label_opts=opts.LabelOpts(is_show=False))
              .set_global_opts(title_opts=opts.TitleOpts(
                    title='进货数量、库存数量和销售数量走势'))
              )
line.render_notebook()
```

Out[23]:

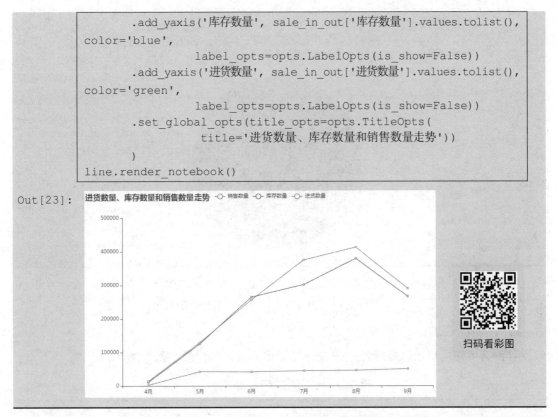

扫码看彩图

由代码 7-23 的运行结果可知：库存数量、进货数量的走势基本保持一致，其中库存数量与进货数量的最高点为 8 月，最低点为 4 月。

7.3.3　绘制用户分析图

对用户的购买行为进行分析，有助于了解用户的消费特点，并为用户提供个性化的服务，从而提升用户的忠诚度和商家的利润。从用户角度出发，利用支付方式、所在城市、消费时间段等字段，对用户进行分析，并进行可视化展示。

1．用户支付方式分析

对用户在新零售智能销售设备上购买商品时使用的支付方式进行统计，并进行可视化分析，如代码 7-24 所示。

代码 7-24　用户支付方式分析

```
In[24]:   group7 = data.groupby(by='支付状态')['支付状态'].count()
          method = group7.index.tolist()
          num = group7.values.tolist()
          pie_data = [(i, j) for i, j in zip(method, num)]
          pie = (Pie()
              .add('', pie_data, label_opts=opts.LabelOpts(formatter='{b}:
          {c}({d}%)'))
              .set_global_opts(title_opts=opts.TitleOpts(title='用户支付
          方式')))
```

Python 数据可视化实战

```
pie.render_notebook()
```

Out[24]:

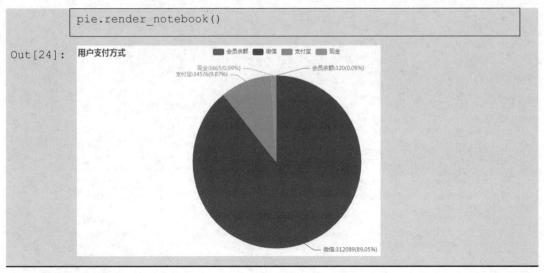

由代码 7-24 的运行结果可知：主要的支付方式有 4 种，即微信、支付宝、会员余额和现金，其中微信是用户最常用的支付方式，占了总用户的 89.05%。

2. 用户所在城市分析

对各城市的用户数进行统计，并进行可视化分析，如代码 7-25 所示。

代码 7-25　用户所在城市分析

In[25]:

```
group8 = data.groupby(by='市')['购买用户'].count()
cities = group8.index.tolist()
num = group8.values.tolist()
pie_data_2 = [(i, j) for i, j in zip(cities, num)]
pie = (Pie()
    .add('', pie_data_2, label_opts=opts.LabelOpts(
        formatter='{b}:{c}({d}%)'), radius=[20, 100])
    .set_global_opts(title_opts=opts.TitleOpts(title='用户所在
城市'))
    )
pie.render_notebook()
```

Out[25]:

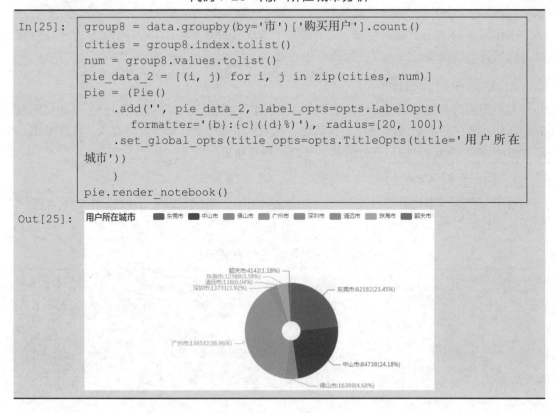

由代码 7-25 的运行结果可知：使用新零售智能销售设备购买商品的用户最多的是广州市，其次是中山市和东莞市，这 3 个城市的占比达到了 86.59%。

3. 用户消费时间段分析

对用户在新零售智能销售设备上购买商品的时间段进行统计，并进行可视化分析，如代码 7-26 所示。

代码 7-26　用户消费时间段分析

```
In[26]:   group9 = data.groupby(by='下单时间段')['购买用户'].count()
          times = group9.index.tolist()
          num = group9.values.tolist()
          pie_data_2 = [(i, j) for i, j in zip(times, num)]
          pie = (Pie()
                  .add('', pie_data_2, label_opts=opts.LabelOpts(formatter='{b}:
          {c}({d}%)'),
                          radius=[60, 200], rosetype='radius', is_clockwise=False)
                  .set_global_opts(title_opts=opts.TitleOpts(title='用户消
          费时间段'))
                  )
          pie.render_notebook()
```

Out[26]:

由代码 7-26 的运行结果可知，当消费时间段为下午时，其用户占比最大，达到了 21.44%；其次是晚上和上午，占比分别为 17.36% 和 17.08%，其余时间段的占比相对较小。

7.4　撰写项目分析报告

通过对新零售智能销售数据进行可视化分析，读者已经初步了解其销售、库存和用户情况。为了更清晰地展示项目的分析结果，为决策者提供意见和建议，需要撰写项目分析报告。该分析报告包括背景与目的、分析思路、分析结果、总结和建议。由于 7.1 节已经介绍过本项目的背景与目的，因此此处不再重复介绍。

7.4.1　分析思路

（1）对新零售智能销售数据进行清洗、降维和字段规约。

（2）分别分析销售金额、订单数量与新零售智能销售设备数量的关系。

（3）分析各城市的销售情况，以及畅销商品和滞销商品。

（4）从城市的角度出发，分析各商品在不同城市的销售情况。

（5）从设备的角度出发，分析各设备的销售情况及各城市销售金额偏少的设备数量。

（6）分析月售罄率、库存成本、月进货量、库存量、销售量情况。

（7）分析用户的支付方式、所在城市和消费时间段。

7.4.2 分析结果

由图 7-2 可知，4 ~ 7 月，新零售智能销售设备的数量在增加，销售额也随着新零售智能销售设备数量的增加而增加；8 月，虽然新零售智能销售设备的数量减少了 4 台，但是销售额还是在增加；9 月相比 8 月，新零售智能销售设备的数量减少了 6 台，销售额也有所减少。出现这种情况的原因可能是广东处于亚热带，气候相对炎热，而 8、9 月的气温相对较高，饮料的需求量较大。从而可以看出，销售总额与新零售智能销售设备的数量存在一定的相关性，增加新零售智能销售设备的数量将会带来销售总额的增长。

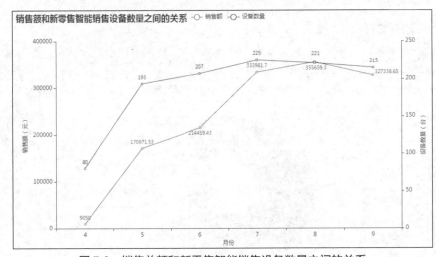

扫码看彩图

图 7-2　销售总额和新零售智能销售设备数量之间的关系

从图 7-3 可知，4 ~ 7 月，新零售智能销售设备的数量在增加，订单数量也随之增加；而 8 ~ 9 月，新零售智能销售设备的数量在减少，订单数量也在减少。这说明订单数量与新零售智能销售设备的数量是严格相关的，增加新零售智能销售设备会给用户带来便利，从而提高订单数量。同时，结合图 7-2 可知，订单数量和销售额基本保持一样的变化趋势，这也说明了订单数量和销售额存在一定的相关性。

由图 7-4 可知，深圳市新零售智能销售设备的平均销售总额最高，达到了 6538.28 元，排在其后的是珠海市和中山市；而平均销售总额最低的是清远市，其销售金额只有 414.27 元。出现这种情况的原因可能是不同区域的人流量不同，而深圳市相对于其他区域的人流量较大，清远市相对于其他区域的人流量较小。此外，广州市的人流量也相对较大，但是其销售额却相对较低，出现这种情况的原因可能是新零售智能销售设备放置的位置不合理。

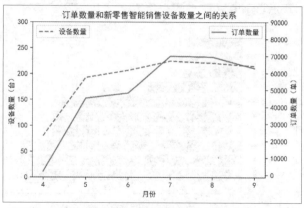

图 7-3　订单数量和新零售智能销售设备数量之间的关系

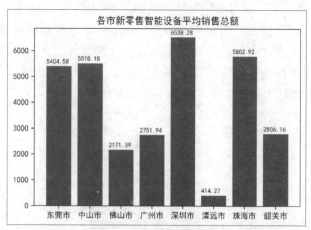

图 7-4　各市新零售智能设备平均销售总额

由图 7-5 可知，最畅销的商品是东鹏，销售额达到了 56230.2 元，其次是红牛、阿萨姆奶茶、雪碧、康师傅冰红茶、可口可乐等，可以看出图中这 10 种商品是人们最愿意在新零售智能销售设备上购买的商品。而由图 7-6 可知，销售额最低的商品是绿茶薯条、鱼仔和道和，它们的销售额只有 1 元。因此，可以加大东鹏、红牛、阿萨姆奶茶等商品的供货量，减少绿茶薯条、鱼仔和道和等商品的供货量，从而增加销售额，减少滞销商品。

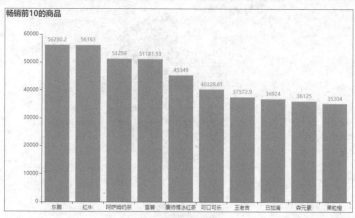

图 7-5　畅销商品

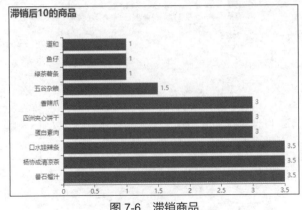

图 7-6　滞销商品

由图 7-7~图 7-14 可知，佛山市销售额最高的是康师傅冰红茶；东莞市销售额最高的是东鹏；中山市销售额最高的是雪碧；广州市销售额最高的是森元素；清远市销售额最高的是无穷鸡爪；韶关市销售额最高的是百佳果肉橙汁；深圳市销售额最高的是营养快线；珠海市销售额最高的是孖髻山矿泉水。其中东莞、中山、韶关、深圳和珠海销售额排名前 10 的都是饮料类商品；清远市销售额前 3 的都是零食类商品；韶关市进口饮料销售情况较好。

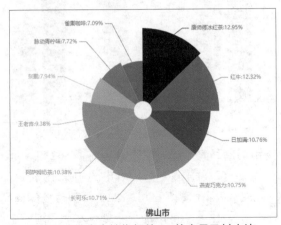

图 7-7　佛山市销售额前 10 的商品及其占比

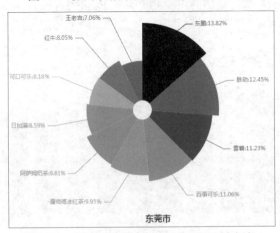

图 7-8　东莞市销售额前 10 的商品及其占比

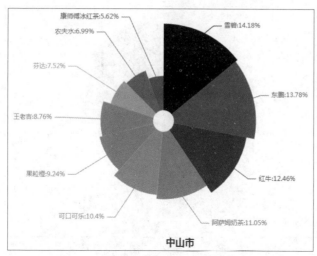

图 7-9　中山市销售额前 10 的商品及其占比

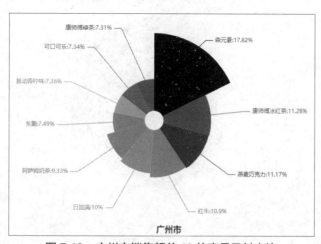

图 7-10　广州市销售额前 10 的商品及其占比

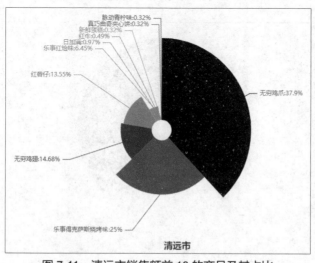

图 7-11　清远市销售额前 10 的商品及其占比

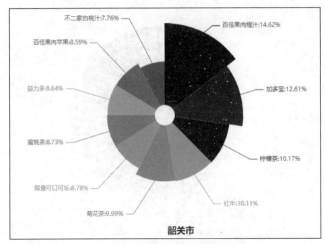

图 7-12　韶关市销售额前 10 的商品及其占比

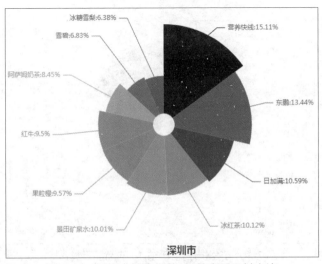

图 7-13　深圳市销售额前 10 的商品及其占比

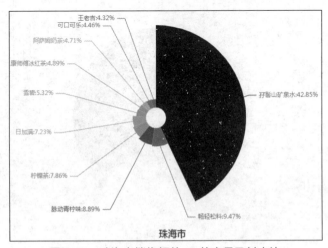

图 7-14　珠海市销售额前 10 的商品及其占比

由图 7-15 可知，销售额前 3 的设备都在中山市，设备编号分别是 112866、112667 和 112669。且销售额前 10 的设备中，中山市有 5 台，广州市有 1 台，东莞市有 3 台，深圳市有 1 台。由图 7-16 可知，销售金额后 10 的设备全部集中在广州市和中山市，广州市有 8 台，中山市有 2 台。这也从侧面证明了从图 7-4 中得出的结论：广州的人流量相对较大，但是其销售额却相对较少，是由于设备的放置位置不合理。

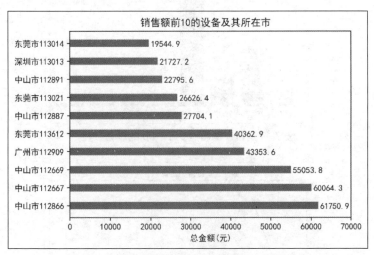

图 7-15　销售金额前 10 的设备编号及其所在市

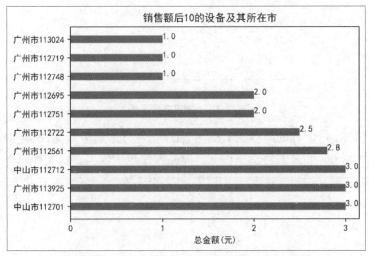

图 7-16　销售金额后 10 的设备编号及其所在市

由图 7-17 可知，销售额小于 100 的设备在广州市有 52 台，中山市有 20 台，佛山市有 10 台。出现这种情况的原因可能是设备放置位置不合理，或设备放置过多，因此可以适当调整新零售智能销售设备放置的位置和数量，减少设备和人力资源的浪费。

由图 7-18 可知，售罄率在 5 月最高，达到 0.331，其余每月基本都维持在 0.14 上下，说明销售额还有相当大的提升空间，可以通过提高销售额来提高售罄率。

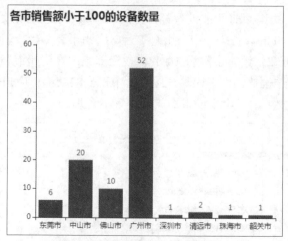

图 7-17　各市销售额少于 100 的设备数量

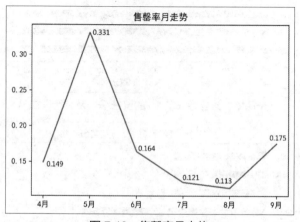

图 7-18　售罄率月走势

　　由图 7-19 可知，每个月的库存成本在逐渐提升，9 月达到了最高，其金额是 1351507.64 元。结合图 7-18 可知，8 月的售罄率较低，商品库存积压较多，从而导致库存成本过多。

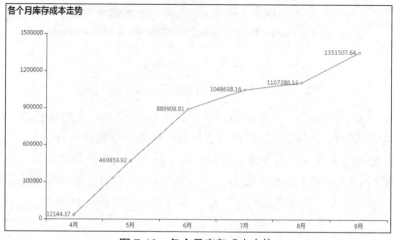

图 7-19　各个月库存成本走势

　　由图 7-20 可知，销售数量在 5 月之后，基本维持在一个较低的水平。在 8 月，库存数量和进货数量达到了最高水平，9 月相较 8 月的进货数量和库存数量都有了一定的下降。结合图 7-19 可知，进货数量和库存数量过多，但销售数量较少，也会导致商品积压，从而造成库存成本过高。

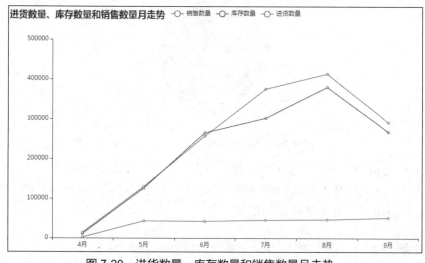

扫码看彩图

图 7-20　进货数量、库存数量和销售数量月走势

　　由图 7-21 可知，用户最喜欢的支付方式是微信支付，在所有支付方式中占到了 89.05%；其次是支付宝支付，其占比为 9.87%，而现金支付的比例不到 1%。因此，企业可以联合移动支付（如微信、支付宝等）做一些推广活动，提高用户的购买率。

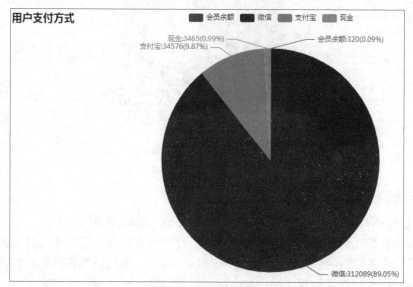

图 7-21　用户支付方式

　　由图 7-22 可知，用户占比较高的城市主要是广州市、东莞市和中山市，其中广州市的人数达到了 136532 人；最少的是清远市，只占了 0.04%。结合图 7-4 可知，清远市的人流量较少，所以用户较少，这也证明了从图 7-4 中得出的结论是成立的。

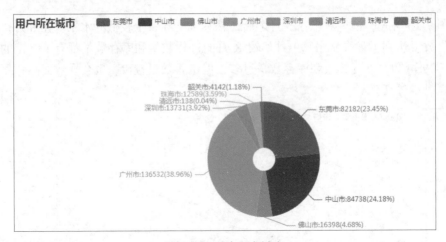

图 7-22　用户所在城市

由图 7-23 可知，当消费时间段为下午时，其用户占比最大，其次是晚上和上午，其余时间段就相对较少了，这也符合人们的购物习惯。因此，企业可以在早上进行商品的供货，避免在购买高峰期进行供货，并保证商品的供给。

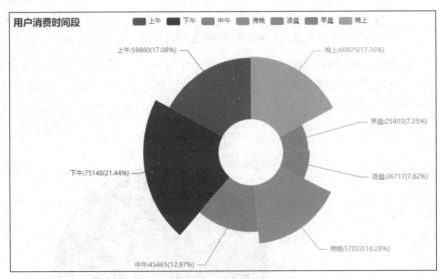

图 7-23　用户消费时间段

7.4.3　总结和建议

通过对商品销售情况、库存和用户行为进行分析，总结和建议如下。

（1）新零售智能销售设备的数量和销售额、订单数量存在一定的相关性，并且新零售智能销售设备在各个市的销售额是十分不平衡的，而相同市的新零售智能销售设备也存在销售额的差异；部分新零售智能销售设备的销售额较少，即完全没有带来效益，因此可以适当调整各市的设备数量，合理利用设备，减少设备的浪费。在佛山市、东莞市、广州市、深圳市、珠海市、中山市饮料类商品销售得较好，清远市零食类商品销售得较好，韶关市进口饮料销售得较好，企业可以结合这些特点为不同的地区投放不同的商品，从而增加销售额。

（2）商品的库存结构总体上不太合理，售罄率较低；库存成本的增加，进货数量、库存数量、销售数量的不平衡等造成了商品的积压，企业可以对销售情况不佳的商品（如道和、绿茶薯条和鱼仔等）适当降低价格或举办一些促销活动，进一步提高商品的销售数量，从而提高售罄率。

（3）用户偏向于使用微信支付和支付宝支付，并且偏向于在傍晚进行商品的购买。针对这一特点，企业可以联合移动支付（如微信、支付宝等）在傍晚发放部分优惠券，促使用户增加单次购买商品的数量，促进消费，从而增加销售额。

小结

本章基于新零售智能销售设备的销售数据，介绍了数据清洗、降维、字段规约的处理方法，并从销售、库存、用户 3 个方面对新零售智能销售设备的销售数据进行了可视化分析，根据可视化结果，撰写了项目分析报告。

实训　超市销售数据可视化项目

1. 训练要点

（1）掌握使用 pyecharts 进行可视化的方法。

（2）掌握撰写项目分析报告的方法。

2. 需求说明

近年来，随着新零售行业的快速发展，消费者购买商品时有了更多的对比和选择，导致超市行业的竞争日益激烈，利润空间不断压缩。超市的经营管理系统产生了大量数据，本实训将对这些数据进行分析，为超市的运营及经营策略调整提供重要依据，从而提升超市的竞争力。本次实训数据来自某超市的销售数据，共有 42816 条数据，涉及 17 个字段："顾客编号""大类编码""大类名称""中类编码""中类名称""小类编码""小类名称""销售日期""销售月份""商品编码""规格型号""商品类型""单位""销售数量""销售金额""商品单价""是否促销"。

3. 实现内容

（1）数据预处理与规约处理。对数据做必要的处理，包括缺失值的处理、空值的处理及异常值的处理。

（2）数据统计处理。统计各大类商品的销售金额；统计各中类商品的促销销售金额和非促销销售金额；统计生鲜类产品和一般产品的每周销售金额；统计每位顾客每月的消费额及消费天数等。

（3）数据分析与可视化。绘制生鲜类商品和一般商品每天销售金额的折线图；按月绘制各大类商品销售金额的占比饼图；绘制促销商品和非促销商品销售金额的周环比增长率柱状图。

（4）用户画像与促销策略。根据消费情况，分别为累计消费前 10 的顾客画像；分析各大类商品的销售情况，总结其销售规律，分析促销对商品销售的影响。

（5）撰写项目分析报告。

第8章 基于 TipDM 大数据挖掘建模平台实现广电大数据可视化项目

在第 6 章中介绍了广电大数据可视化项目，本章将介绍一种数据可视化工具——TipDM 大数据挖掘建模平台，使用该平台也可实现广电大数据可视化项目。相较于传统 Python 解析器，TipDM 大数据挖掘建模平台具有流程化、去编程化等特点，可以满足不懂编程的用户使用数据分析技术的需求。TipDM 大数据挖掘建模平台帮助读者更加便捷地掌握数据分析相关技术的操作，落实科教兴国战略、人才强国战略、创新驱动发展战略。

学习目标

（1）了解 TipDM 大数据挖掘建模平台的相关概念和特点。
（2）熟悉使用 TipDM 大数据挖掘建模平台实现广电大数据可视化项目的总体流程。
（3）掌握使用 TipDM 大数据挖掘建模平台获取数据的方法。
（4）掌握使用 TipDM 大数据挖掘建模平台进行数据筛选、分组聚合等操作的方法。
（5）掌握使用 TipDM 大数据挖掘建模平台绘制柱形图、折线图、饼图等图形的方法。

8.1 平台简介

TipDM 大数据挖掘建模平台（以下简称平台）是由广东泰迪智能科技股份有限公司自主研发的一个面向大数据挖掘项目的工具。平台使用 Java 语言开发，采用 B/S 结构，用户不需要下载客户端，可通过浏览器进行访问。平台提供了基于 Python、R 语言及 Hadoop/Spark 分布式引擎的大数据分析功能。平台支持工作流，用户可在没有 Java、Scala、Python、R 语言等编程基础的情况下，通过拖曳的方式进行操作，以流程化的方式将数据输入/输出、统计分析、数据预处理、分析与可视化等环节进行连接，从而达到大数据可视化分析的目的。平台界面如图 8-1 所示。

读者可访问平台查看具体的界面情况，访问平台的具体步骤如下。
（1）微信搜索公众号"泰迪学院"或"TipDataMining"，关注公众号。
（2）关注公众号后，回复"建模平台"，获取平台访问方式。

本章将以广电大数据可视化项目为例，介绍使用平台实现项目的流程。在介绍之前，需要引入平台的几个概念。

（1）算法：将数据可视化过程涉及的输入/输出、数据探索及预处理、绘图等操作分别进行封装，每一个封装好的模块称为一个算法。

（2）实训：为实现某一个数据可视化分析目标，将各算法通过流程化的方式进行连接，整个数据可视化分析流程称为一个实训。

图 8-1　平台界面

（3）实训库：用户可以将配置好的实训公开到实训库中作为实训模板，然后分享给其他用户，其他用户使用实训库中的模板创建一个无须配置算法便可运行的实训。

平台主要有以下几个特点。

（1）平台算法基于 Python、R 语言及 Hadoop/Spark 分布式引擎，可用于实现数据可视化分析。Python、R 语言及 Hadoop/Spark 是目前较为流行的用于数据分析的计算机语言，它们高度契合行业需求。

（2）用户可在没有 Python、R 语言或 Hadoop/Spark 编程基础的情况下，使用直观的拖曳式图形界面构建数据可视化分析流程，无须编程。

（3）提供公开可用的实训示例，用户可一键创建，快速运行。支持可视化流程每个节点的结果在线预览。

（4）Python 算法包分为 10 类，包含 60 种算法；Spark 算法包分为 7 类，包含 38 种算法；R 语言算法包分为 8 类，包含 52 种算法。在 Python 算法包中，统计分析、预处理、绘图等多类的算法包能够满足数据可视化分析整体流程的需要，同时还提供 Python 脚本和 R 脚本。用户也可通过编写代码处理数据。

下面将对平台的实训库、数据连接、实训数据、我的实训、系统算法和个人算法 6 个模块进行介绍，并对平台的访问方式进行介绍。

8.1.1　实训库

当登录平台后，用户即可看到实训库模块提供的实训（模板）示例，如图 8-2 所示。

图 8-2 实训（模板）示例

实训库模块主要用于标准大数据分析案例的快速创建和展示。通过实训库模块，用户可以创建一个无须导入数据及配置参数就能够快速运行的实训。用户可以将自己搭建的实训公开至实训库模块，作为实训模板，供其他用户一键创建实训。同时，每一个模板的创建者都具有该模板的所有权，能够对该模板进行管理。

8.1.2　数据管理

数据管理主要由数据连接和实训数据模块构成。数据连接模块主要用于数据可视化实训中数据库数据的导入与管理，支持从 DB2、SQL Server、MySQL、Oracle、PostgreSQL 等常用关系数据库中导入数据。"新建连接"对话框如图 8-3 所示。

图 8-3　"新建连接"对话框

实训数据模块主要用于数据可视化实训中文件类型数据的导入与管理，支持从本地导入任意类型的数据。"新增数据集"对话框如图 8-4 所示。

图 8-4　"新增数据集"对话框

8.1.3　我的实训

　　我的实训模块主要用于数据可视化分析流程化的创建与管理,如图 8-5 所示。通过我的实训模块,用户可以创建空白实训,进行实训的配置,将数据输入/输出、数据预处理、数据可视化等环节通过流程化的方式进行连接,达到数据分析与可视化的目的。对于质量比较好的实训,可以将其公开到实训库中作为模板,让其他用户学习和借鉴。

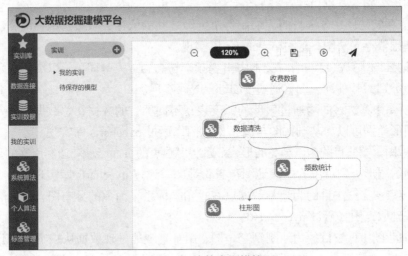

图 8-5　我的实训模块

8.1.4　数据分析与可视化算法

　　系统算法模块中提供了大量的数据分析与可视化算法,主要用于内置常用算法的管理,如图 8-6 所示。

图 8-6　系统算法模块

算法包中包含统计分析、预处理、分类、回归和数据可视化等算法,其中用于数据可视化算法的具体说明如下。

(1)【柱形图】算法目的为绘制一种以长方形的长度为变量的统计报告图,该算法绘制的图形类别可以为基础柱形图与簇状柱形图,通过 pyecharts 库实现。

(2)【折线图】算法目的为绘制数据在一个连续的时间间隔或时间跨度上的变化报告图,该算法绘制的图形类别为基础折线图,通过 pyecharts 库实现。

(3)【折线柱状形组合图】算法目的为将柱状图与折线图绘制在同一张报告图中,该算法绘制的图形类别为基础折线与柱形组合图,通过 pyecharts 库实现。

(4)【依存句法图】算法目的为绘制各个词语之间的依存关系报告图,该算法绘制的图形类别为基础依存句法图,通过 pyecharts 库实现。

(5)【词云图】算法目的为对文本中出现频率较高的"关键词"予以突出显示,该算法绘制的图形类别为基础词云图,通过 Matplotlib 库实现。

(6)【饼图】算法目的为通过扇形的弧度表现不同类目的数据在总数据中的占比,该算法绘制的图形类别可以为基础饼图与南丁格尔图,通过 pyecharts 库实现。

(7)【地图】算法目的为以高亮的形式显示访客热衷的页面区域和访客所在的地理区域,该算法绘制的图形类别可以为中国地图与省份地图,通过 pyecharts 库实现。

(8)【散点图】算法目的为绘制数据点在直角坐标系平面上的分布图,该算法绘制的图形类别为基础散点图,通过 pyecharts 库实现。

(9)【漏斗图】算法目的为绘制倒三角图,用于直观地呈现数据从一个阶段到另一个阶段的变化趋势,该算法绘制的图形类别为基础漏斗图,通过 pyecharts 库实现。

8.2　实现广电大数据可视化项目

本节以广电大数据可视化项目为例,在 TipDM 大数据挖掘建模平台上配置对应实训,主要展示数据可视化的配置过程。若想了解包含数据预处理在内的详细配置过程,可查阅本章的配套资料，或访问平台进行查看。

在 TipDM 大数据挖掘建模平台上配置广电大数据可视化项目主要包括以下两个步骤。

（1）导入数据。在 TipDM 大数据挖掘建模平台导入预处理后的数据。

（2）数据分析与可视化。对清洗后的数据进行可视化分析。

在平台上配置完成的广电大数据可视化项目的最终流程如图 8-7 所示。

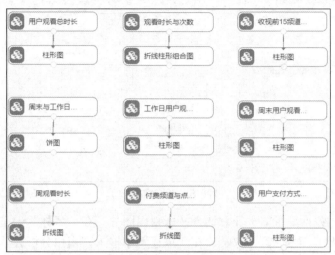

图 8-7　广电大数据可视化项目的最终流程

8.2.1　数据源配置

本小节主要介绍如何使用 TipDM 大数据挖掘建模平台导入广电大数据可视化数据，并将导入的数据应用于可视化工程中。

1．数据导入

由于本章的主要内容为展示数据可视化的配置过程，因此本章数据为将用户收视行为数据和收费数据进行预处理后得到的数据，数据均为 CSV 文件。各数据集的详细信息如表 8-1 所示。

表 8-1　各数据集的详细信息

数据集名称	处理代码	数据表
用户分析数据	代码 6-4	用户观看总时长.csv
频道分析数据	代码 6-5	观看时长与次数.csv
		收视前 15 频道名称.csv
总时长分析数据	代码 6-6	工作日用户观看总时长.csv
		周末用户观看总时长.csv
		周末与工作日观看时长占比.csv
周时长分析数据	代码 6-7	周观看时长.csv
		付费频道与点播回看的周观看时长.csv
用户支付方式分析数据	代码 6-8	用户支付方式总数对比.csv

以"用户分析数据"数据集为例，该数据集为经过代码 6-4 处理后的数据，由"用户观看总时长.csv"数据表构成，使用 TipDM 大数据挖掘建模平台导入数据"用户观看总时长.csv"，具体步骤如下。

（1）单击"实训数据"，在"我的数据集"中单击"新增数据集"，如图 8-8 所示。

图 8-8　新增数据集

（2）设置新增数据集参数。任意选择一张封面图片，在"名称"中输入"用户分析数据"，"有效期（天）"项选择"永久"，在"描述"中输入"用户分析数据"，"访问权限"项选择"私有"，在"数据文件"项中上传"用户观看总时长.csv"文件，如图 8-9 所示。等待合并成功后，单击"确定"按钮，即可上传。

图 8-9　新增数据集参数设置

（3）上传成功后，可以预览"用户观看总时长.csv"数据，单击"操作"中的◉图标，如图 8-10 所示。

图 8-10　预览数据

（4）数据预览内容如图 8-11 所示。

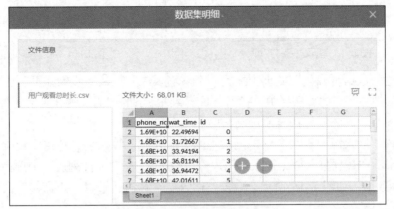

图 8-11　数据预览内容

（5）将剩余 4 个数据集按此方式导入，所有的数据集导入完成后，"实训数据"界面如图 8-12 所示。

图 8-12　"实训数据"界面

2. 创建工程模板并配置数据源

所有数据都上传完成后，新建一个名为"广电大数据可视化"的空白实训，步骤如下。

（1）新建空白实训。单击"我的实训"，单击"实训"右侧的"+"按钮，新建一个空白实训，如图 8-13 所示。

（2）在"新建实训"对话框中填写实训的信息，包括实训名称和实训描述，并根据需求设置访问权限，如图 8-14 所示。

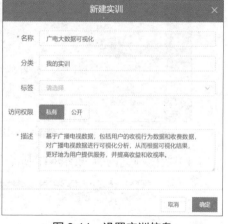

图 8-13　新建空白实训　　　　　　　　　　　图 8-14　设置实训信息

在"广电大数据可视化"实训中配置一个"输入源"算法,步骤如下。

（1）在实训左下方的算法栏中,找到"系统算法"下的"输入/输出"类。拖曳"输入/输出"类中的"输入源"算法至实训画布中。

（2）配置"输入源"算法。单击画布中的"输入源"算法后,单击实训画布右侧"参数配置"栏中的"数据集"框,输入"用户分析数据",在"文件列表"中选择"用户观看总时长.csv"数据,如图 8-15 所示。右击"输入源"算法,选择"重命名"命令,并输入"用户观看总时长"。

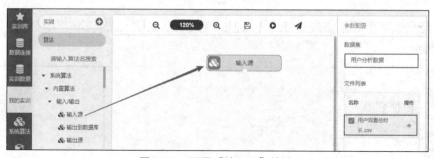

图 8-15　配置"输入源"算法

（3）预览数据。单击画布中的"用户观看总时长"算法,在实训画布右侧的"参数配置"栏中单击"文件列表"项下的 👁 图标来预览数据集明细,如图 8-16 所示。

图 8-16　预览数据集明细

（4）配置其他数据源。其他 8 份数据按照相同的配置流程进行配置，配置结果如图 8-17 所示。

图 8-17　全部数据源配置结果

8.2.2　数据可视化

本小节对清洗后的数据进行可视化分析，清晰地展示出广播电视数据中用户的观看信息，为运营商的决策提供一定的参考。

1．绘制用户分析图

使用"柱形图"算法可以实现用户观看总时长分布图的绘制，步骤如下。

（1）拖曳"系统算法"下"Python 算法"→"数据可视化"类中的"柱形图"算法至实训画布中，并与"用户观看总时长"算法相连接。

（2）对"柱状图"算法进行设置。在"选择 x 轴刻度字段"→"x 轴刻度"项中选择"id"字段；在"选择绘图字段"中，单击"选择绘图字段"项右侧的 ○ 图标，选择"wat_time"字段；其余设置保持默认，如图 8-18 所示。

图 8-18　"柱形图"算法设置

（3）运行"柱形图"算法。运行成功后，右击"柱形图"算法，选择"查看日志"命令即可查看柱形图效果，如图 8-19 所示。

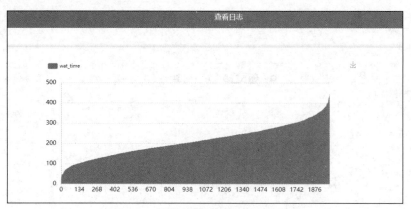

图 8-19 "柱形图"算法运行后的效果

2. 绘制频道分析图

使用"折线柱形组合图"算法可以对所有收视频道的观看时长与观看次数进行可视化展示，步骤如下。

（1）拖曳"系统算法"下"Python 算法"→"数据可视化"类中的"折线柱形组合图"算法至实训画布中，并与"观看时长与次数"算法相连接。

（2）对"折线柱形组合图"算法进行设置。在"选择 x 轴刻度字段"→"x 轴刻度"项中选择"index"字段；在"选择折线绘图字段"中，单击"选择折线绘图字段"项右侧的 图标，选择"counts"字段；在"选择柱形绘图字段"中，单击"选择柱形绘图字段"项右侧的 图标，选择"wat_time"字段；其余设置保持默认，如图 8-20 所示。

图 8-20 "折线柱形组合图"算法设置

（3）运行"折线柱形组合图"算法。运行成功后，右击"折线柱形组合图"算法，选择"查看日志"命令，效果如图 8-21 所示。

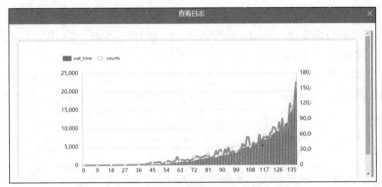

图 8-21　"折线柱形组合图"算法运行后的效果

对收视前 15 频道的观看时长进行柱形图绘制，具体步骤如下。

（1）拖曳"系统算法"下"Python 算法"→"数据可视化"类中的"柱形图"算法至实训画布中，并与"收视前 15 频道名称"算法相连接。

（2）对"柱形图"算法进行设置。在"选择 x 轴刻度字段"→"x 轴刻度"项中选择"id"字段；在"选择绘图字段"中，单击"选择绘图字段"项右侧的 ⟳ 图标，选择"wat_time"字段；其余设置保持默认，如图 8-22 所示。

图 8-22　"柱形图"算法设置

（3）运行"柱形图"算法。运行成功后，右击"柱形图"算法，选择"查看日志"命令即可查看柱形图效果，如图 8-23 所示。

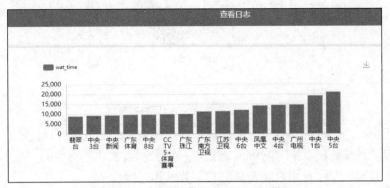

图 8-23　"柱形图"算法运行后的效果

3. 绘制时长分析图

将工作日（5 天）与周末（2 天）进行划分，使用饼图展示所有用户的观看总时长的占比分布（计算观看总时长时需要除以天数）情况，步骤如下。

（1）拖曳"系统算法"下"Python 算法"→"数据可视化"类中的"饼图"算法至实训画布中，并与"周末与工作日观看时长占比"算法相连接。

（2）对"饼图"算法进行设置。在"选择标签"→"标签"项中选择"labels"字段；在"选择绘图字段（数值）"中，单击"绘图字段（数值）"项右侧的 图标，选择"value"字段；其余设置保持默认，如图 8-24 所示。

图 8-24 "饼图"算法设置

（3）运行"饼图"算法。运行成功后，右击"饼图"算法，选择"查看日志"命令即可查看饼图效果，如图 8-25 所示。

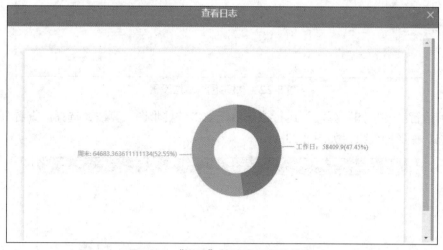

图 8-25 "饼图"算法运行后的效果

对所有用户在工作日的观看总时长的分布情况使用柱形图进行可视化展示，步骤如下。

（1）拖曳"系统算法"下"Python 算法"→"数据可视化"类中的"柱形图"算法至实训画布中，并与"工作日用户观看总时长"算法相连接。

（2）对"柱形图"算法进行设置。在"选择 x 轴刻度字段"→"x 轴刻度"项中选择"index"字段；在"选择绘图字段"中，单击"选择绘图字段"项右侧的 图标，选择"wat_time"字段；其余设置保持默认，如图 8-26 所示。

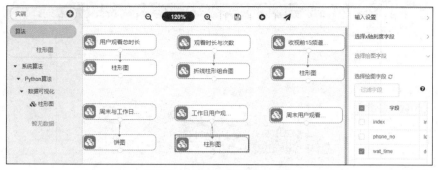

图 8-26　"柱形图"算法设置

（3）运行"柱形图"算法。运行成功后，右击"柱形图"算法，选择"查看日志"命令即可查看柱形图效果，如图 8-27 所示。

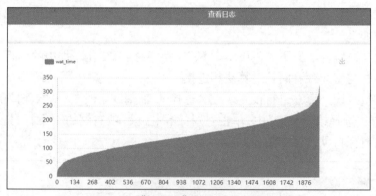

图 8-27　"柱形图"算法运行后的效果

对所有用户在周末的观看总时长的分布情况使用柱形图进行可视化展示，步骤如下。

（1）拖曳"系统算法"下"Python 算法"→"数据可视化"类中的"柱形图"算法至实训画布中，并与"周末用户观看总时长"算法相连接。

（2）对"柱形图"算法进行设置。在"选择 x 轴刻度字段"→"x 轴刻度"项中选择"index"字段；在"选择绘图字段"中，单击"选择绘图字段"项右侧的 ⟳ 图标，选择"wat_time"字段；其余设置保持默认，如图 8-28 所示。

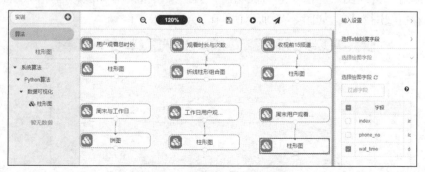

图 8-28　"柱形图"算法设置

（3）运行"柱形图"算法。运行成功后，右击"柱形图"算法，选择"查看日志"命令即可查看柱形图效果，如图 8-29 所示。

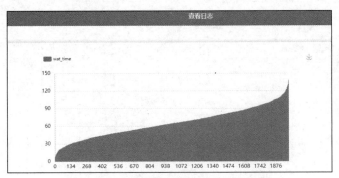

图 8-29 "柱形图"算法运行后的效果

4. 绘制周时长分析图

为了了解一周内用户每天的观看时长，需要分别绘制频道周观看时长分布图及付费频道与点播回看的周观看时长分布图。使用"折线图"算法可以实现频道周观看时长分布图的绘制，步骤如下。

（1）拖曳"系统算法"下"Python 算法"→"数据可视化"类中的"折线图"算法至实训画布中，并与"周观看时长"算法相连接。

（2）对"折线图"算法进行设置。在"选择 x 轴刻度字段"→"x 轴刻度"项中选择"星期"字段；在"选择绘图字段"中，单击"选择绘图字段"项右侧的 ↻ 图标，选择"wat_time"字段；其余设置保持默认，如图 8-30 所示。

图 8-30 "折线图"算法设置

（3）运行"折线图"算法。运行成功后，右击"折线图"算法，选择"查看日志"命令即可查看折线图效果，如图 8-31 所示。

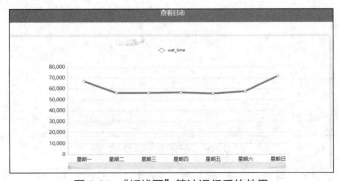

图 8-31 "折线图"算法运行后的效果

使用"折线图"算法可以实现付费频道与点播回看的周观看时长分布图的绘制，步骤如下。

（1）拖曳"系统算法"下"Python 算法"→"数据可视化"类中的"折线图"算法至实训画布中，并与"付费频道与点播回看的周观看时长"算法相连接。

（2）对"折线图"算法进行设置。在"选择 x 轴刻度字段"→"x 轴刻度"项中选择"星期"字段；在"选择绘图字段"中，单击"选择绘图字段"项右侧的 ♻ 图标，选择"wat_time"字段；其余设置保持默认，如图 8-32 所示。

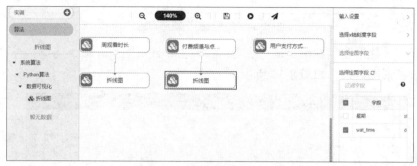

图 8-32　"折线图"算法设置

（3）运行"折线图"算法。运行成功后，右击"折线图"算法，选择"查看日志"命令即可查看折线图效果，如图 8-33 所示。

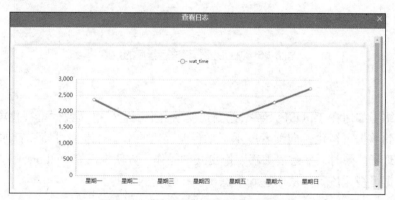

图 8-33　"折线图"算法运行后的效果

5. 绘制用户支付方式分析图

使用"柱形图"算法可以实现用户支付方式分析图的绘制，步骤如下。

（1）拖曳"系统算法"下"Python 算法"→"数据可视化"类中的"柱形图"算法至实训画布中，并与"用户支付方式总数对比"算法相连接。

（2）对"柱形图"算法进行设置。在"选择 x 轴刻度字段"→"x 轴刻度"项中选择"id"字段；在"选择绘图字段"中，单击"选择绘图字段"项右侧的 ♻ 图标，选择"counts"字段；其余设置保持默认，如图 8-34 所示。

图 8-34 "柱形图"算法设置

（3）运行"柱形图"算法。运行成功后，右击"柱形图"算法，选择"查看日志"命令即可查看柱形图效果，如图 8-35 所示。

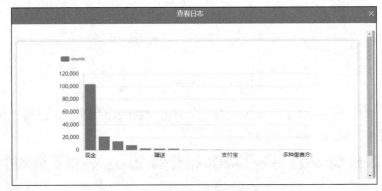

图 8-35 "柱形图"算法运行后的效果

小结

本章介绍了如何在 TipDM 大数据挖掘建模平台上配置广电大数据可视化项目的实训，从获取数据到数据可视化，向读者展示了平台流程化的工作思维，可使读者加深对数据可视化流程的理解。同时，平台去编程、拖曳式的操作，方便了没有 Python 编程基础的读者轻松构建数据可视化流程，从而达到数据可视化分析的目的。

实训 各科考试成绩可视化项目

1. 训练要点

掌握使用 TipDM 大数据挖掘建模平台进行数据可视化分析的方法。

2. 需求说明

利用第 6 章的实训数据，用 TipDM 大数据挖掘建模平台实现各科考试成绩可视化项目。

3. 实现思路与步骤

（1）配置数据源，导入学生考试成绩数据集。

（2）对导入的学生考试成绩数据进行处理。

（3）使用平台上的绘图算法对数据进行可视化。